KB106159

요리는 소스빨

배달 음식이
필요 없는
황금 소스 레시피 51

요리는
소스빨

----------- 소연남 지음 -----------

paper
bird

모든 요리는 소스에서
시작해서 소스로 끝난다

여러분은 최고의 소스가 무엇이라고 생각하시나요? 제가 처음 소스 만드는 일을 시작할 때 들은 이야기가 있습니다. 바로 '있어도 없는 듯하고 없어도 있는 듯한 소스가 최고의 소스라는 말이었죠. 즉, 소스는 요리를 도와주는 역할이고 이 역할을 넘어 요리보다 뛰어나면 안 된다는 말이었습니다.

하지만 지금은 어떨까요? 요즘 음식 트렌드는 소스에서 시작해서 소스로 끝난다고 말해도 과언이 아닙니다. 요리를 돋보이는 역할에서 끝나던 소스가 메인 요리를 이끌어 가고 있는 것입니다. 예를 들어보겠습니다. 음식을 좋아하는 사람이라면 누구나 한 번쯤은 먹어 보셨겠지만 '소떡소떡'은 사실 떡과 소시지를 꼬치에 꽂은 평범한 간식입니다. 하지만 여기에 특별한 소스가 들어가게 되면서 베스트셀러 제품으로 바뀌었습니다. 여러분이 즐겨 먹는 간식들부터 고급 레스토랑의 요리까지, 모든 음식의 맛은 소스가 좌지우지한다고 해도 과언이 아닐 것입니다.

저는 직업 특성상 주기적으로 이름난 맛집을 찾아가곤 합니다. 제가 수많은 맛집을 다니며 느낀 것은 하나입니다. 소문난 맛집은 그 가게만의 시그니처 소스로 승

부를 본다는 것입니다. 원재료를 받아 조리를 하고, 그 음식을 손님에게 내놓아야 하는 가게들의 특성상 '정말 뛰어난 고기'나 '정말 뛰어난 면'을 내놓는 데는 어느 정도 한계가 있습니다. 하지만 소스는 다릅니다. 흔한 재료라도 어떤 재료를 어떻게, 얼마나 넣느냐에 따라 소스의 맛이 바뀌고 음식의 맛이 바뀝니다.

하지만 소스의 중요성과는 별개로, 많은 사람들은 소스의 종류가 얼마나 다양한지, 어떤 특징이 있는지, 얼마나 보관할 수 있고 어떻게 활용할 수 있는지를 모릅니다. 그런데 사실, 소스 하나만 제대로 만들면 가게에서 파는 것 같은 맛을 집에서 낼 수 있습니다. 활용도 무궁무진하고, 조리법과 보관법도 간단합니다. 그 비밀을 지금부터 여러분들에게 알려드리려고 합니다. 소스 하나로 여러분의 식탁이 더 풍요로워지기 바랍니다.

2024년 4월

소연남

1 활용 가능 요리: 각 소스를 활용해 만들 수 있는 요리를 소개합니다. 소스 하나로 여러 가지 음식을 손쉽게 만들어보세요.

2 재료 소개: 소스에 필요한 재료들을 확인해보세요. 보다 완벽한 소스를 만들고 싶으시다면 각 재료를 저울로 계량해 준비해주셔도 좋지만, 집에서 간편하게 소스를 만드실 분들은 무게까지 정확하게 맞추지 않아도 괜찮습니다.

3 영양소 분석: 각 소스의 조리법과 함께 소연남이 알려드리는 영양소 분석표도 확인해보세요.

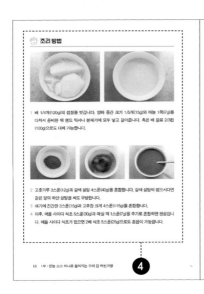

④ 조리 방법: 준비한 재료를 순서에 맞게 혼합·조리해 보세요. 간단한 조리법으로 맛있는 소스가 완성됩니다.

⑤ 만들고 난 이후: 각 소스의 특징과 숙성 및 보관법, 섭취 가능 기간을 알려드립니다. 올바른 보관 방법으로 신선한 소스를 맛있게 활용해 보세요.

✕ 이 책의 계량법

본문에 들어가기에 앞서, 이 책에서 많이 쓰이는 재료의 계량법을 간단히 소개합니다. 저는 요리를 연구하는 사람이기 때문에 평소에 저울을 써서 계량을 하지만, 저울이 없으신 분들은 스푼과 티스푼을 이용해 계량하셔도 충분합니다. 스푼을 크게 퍼야 하는 경우에는 따로 표시를 해놨으니 참고 부탁드립니다.

1. 가루 계량

1스푼 기준으로 고춧가루는 약 4g, 밀가루는 약 6g, 흑설탕은 약 7g, 하얀 설탕은 10g, 옥수수 전분은 6g 정도입니다. 한 숟가락 펐을 때 숟가락보다 살짝 올라오도록 가볍게 뜬 정도를 기준으로 삼았습니다.

2. 액체 계량

1스푼 기준으로 간장, 맛술, 식초, 올리고당, 올리브오일, 포도씨오일, 물은 5g, 애플 사이다 식초, 레몬즙은 6g, 매실 액은 7g입니다. 사진과 같이 넘치지 않을 정도로 담은 것을 기준으로 삼았습니다.

3. 컵 계량

사용하는 컵은 모두 종이컵을 기준으로 했습니다. 물을 컵에 꽉 채울 경우 약 200g이 나오는데, 이 책에서는 1컵을 160g으로 측정했으니 참고 부탁드립니다.

4. 그 외의 계량

고추장 1수저는 25g, 양파 작은 크기는 40~60g, 중간 크기는 70~150g, 큰 크기는 160~170g으로 측정을 했습니다. 양파의 경우 크기에 따라 무게가 제각각이기 때문에 어느 정도 변동이 있습니다.

CONTENTS

1부 만능 소스 하나로 펼쳐지는 우리 집 백반기행

2부 배달 어플 1위 맛집의 비밀, 지금 공개합니다!

(3부) 아직도 디저트 핫플에서 웨이팅하세요?

4부 소스 하나로 떠나는 세계 일주

5부 메인 요리 뚝딱 만드는 궁극의 소스

1부

만능 소스 하나로
펼쳐지는 우리 집
백반기행

새콤 달달 비빔국수 한 그릇

만능 고추장 소스

비빔국수 골뱅이 무침 물회 등에 활용 가능합니다.

🍲 소스 이야기

한껏 여유로운 주말, 냉장고에 전날 먹다 남은 회가 있다는 사실이 떠올랐습니다. 물회를 만들어 먹을 생각으로 양념장을 만드는데 TV 프로그램 〈나는 자연인이다〉에서 자연인과 이승윤 씨가 비빔국수를 만들어 먹는 모습을 보고 갑자기 비빔국수가 생각납니다.

그러니 물회도 잘 어울리고 비빔국수도 잘 어울리는 만능 고추장 소스(양념장)를 한번 만들어보겠습니다. 만들고 난 이후 곧바로 맛을 보면 숙성이 되지 않아 양파의 매운맛이 올라옵니다. 조금 더 숙성을 시켜야 양파의 단맛이 올라오니 냉장고에서 하루 정도 숙성시켜야 합니다. 그러면 맵지 않고 부드러우며 은근하게 중독성 있는 고추장 소스를 맛보실 수 있으실 겁니다.

🍴 재료 소개 7회분/1회당 50g 기준

- ☐ 배 1/4개(120g)
- ☐ 양파 중간 크기 1/5개(15g)
- ☐ 마늘 1쪽(7g)
- ☐ 고춧가루 3스푼(12g)
- ☐ 갈색 설탕 4스푼(40g)
- ☐ 진간장 3스푼(15g)
- ☐ 고추장 크게 4스푼(115g)
- ☐ 애플 사이다 식초 5스푼(30g)
- ☐ 매실 액 1스푼(7g)

🏛 영양소 분석 50g 기준

열량 72kcal

단백질 10kcal

탄수화물 51kcal(식이섬유 2g, 당류 8g)

지방 11kcal(포화 지방 0g, 트랜스 지방 0g)

나트륨 644mg

조리 방법

1 배 1/4개(120g)의 껍질을 벗깁니다. 양파 중간 크기 1/5개(15g)와 마늘 1쪽(7g)을 다져서 준비한 뒤 핸드 믹서나 분쇄기에 모두 넣고 갈아줍니다. 혹은 배 음료 2/3컵 (100g)으로도 대체 가능합니다.

2 고춧가루 3스푼(12g)과 갈색 설탕 4스푼(40g)을 혼합합니다. 갈색 설탕이 없으시다면 같은 양의 하얀 설탕을 써도 무방합니다.

3 여기에 진간장 3스푼(15g)과 고추장 크게 4스푼(115g)을 혼합합니다.

4 이후, 애플 사이다 식초 5스푼(30g)과 매실 액 1스푼(7g)을 추가로 혼합하면 완성입니다. 애플 사이다 식초가 없으면 2배 식초 5스푼(25g)으로도 혼합이 가능합니다.

만들고 난 이후

이번에 만든 소스는 꾸덕꾸덕한 질감이 아닌 물처럼 흐르는 소스입니다. 꾸덕꾸덕한 질감을 원하시면 고추장으로 농도를 잡으시기를 바랍니다. 농도와 입맛에 따라 비빔국수, 골뱅이무침, 활어회 등의 소스로 사용할 수 있습니다. 만든 소스는 냉장 상태에서 하루 정도 숙성시킨 후 섭취하시면 됩니다. 소독한 밀폐 용기에 담아 냉장 상태에서 3개월 정도 보관할 수 있습니다.

간장 계란밥부터 어묵볶음까지

만능 간장 소스

어묵볶음 닭간장조림 계란 간장 볶음밥 등에 활용 가능합니다.

🍲 소스 이야기

맛집이라고 소문이 났거나 블로그에서 소개해주는 식당을 가게 되더라도, 막상 식사를 해보면 여러모로 아쉬운 경우가 많습니다. 이런 식으로 돈과 시간이 아쉬웠던 경험이 있으시다면 식당과 똑같은 맛을 낼 수 있는 소스를 직접 만들어보시는게 더 나은 방법이 아닐까 싶습니다. 만능 간장 소스는 오래, 맛있게 먹을 수 있습니다. 어느 요리에 넣든 풍미를 살려주고, 정 먹을 게 없고 귀찮으실 때도 밥에 넣어 쓱쓱 비벼서 드시면 되니 그야말로 일석이조인 셈입니다.

 재료 소개 7회분/1회당 50g 기준

□ 하얀 설탕 2스푼(20g)

□ 맛술 5스푼(50g)

□ 진간장 10스푼(50g)

□ 쌀로 만든 술(청주) 5스푼(25g)

□ 레몬즙 1스푼(6g)

□ 계핏가루 1/2티스푼(0.1g)

□ 물 1컵(160g)

□ 큰 청양고추 1개(12g)

□ 북어(황태) 6조각(10g)

□ 양파 작은 크기 1/2개(20g)

 영양소 분석 50g 기준

열량 38kcal

단백질 6kcal

탄수화물 29kcal(식이섬유 0g, 당류 0g)

지방 3kcal(포화 지방 0g, 트랜스 지방 3g)

나트륨 47mg

조리 방법

1 하얀 설탕 2스푼(20g)과 맛술 5스푼(50g) 그리고 진간장 10스푼(50g)을 혼합합니다.

2 쌀로 만든 술(청주 혹은 차례용 술, 일본 청주) 5스푼(25g)과 레몬즙 1스푼(6g)도 섞습
   니다.

3 계핏가루 1/2티스푼(0.1g)과 물 1컵(160g), 큰 청양고추 1개(12g), 그리고 북어(황태)
   6조각(10g)과 양파 작은 크기 1/2개(20g)를 자르고 난 뒤 혼합합니다.

4 모든 재료를 준비해서 중간불에서 6~7분 끓인 후, 약한불에서 1분 정도 더 끓입니다.

5 건더기를 건져주시고 남은 내용물을 그릇에 담습니다.

만들고 난 이후

만능 간장 소스는 단짠단짠한 맛이 납니다. 간단한 반찬으로는 어묵볶음을 할 때 기호에 따라 1~3스푼(약 750g짜리 어묵 1봉지 기준) 정도 넣어 요리해 보세요. 만능 간장 소스의 경우 냉장 상태에서 5일 정도 숙성시켜서 사용하시면 됩니다. 소독한 밀폐 용기에 담아 냉장 상태에서 5개월 보관할 수 있습니다.

삼겹살과 환상 궁합

만능 된장 소스

삼겹살 샐러드 등에 활용 가능합니다.

🍲 소스 이야기

그냥 먹어도 맛있는 단호박과 모든 요리에 친화력이 좋은 된장을 가지고 만능 된장 소스를 만들어보고자 합니다.

구수한 토속 된장과 익숙한 맛의 단호박은 의외로 조합이 좋습니다. 여기에 고춧가루의 칼칼한 맛을 더해 소스의 완성도를 높였습니다. 이렇게 만들어진 된장 소스는 튀김류나 닭가슴살 혹은 치킨에도 어울립니다. 칼로리가 타 소스에 비해 상대적으로 낮기 때문에 체중 조절을 하시는 분들이 소스를 찾는다면 최고의 선택지 중 하나가 아닐까 싶습니다.

 재료 소개 6회분/1회당 50g 기준

☐ 단호박 1/5개(103g)

☐ 재래식 된장 1스푼(8g)

☐ 감자 전분(혹은 옥수수 전분) 1/2스푼 (3g)

☐ 매실 액 1스푼(7g)

☐ 하얀 설탕 1스푼(10g)

☐ 매운 고춧가루 1스푼(4g)

☐ 물 1과 1/4컵(200g)

☐ 소금 1/2티스푼(1g)

 영양소 분석 50g 기준

열량 17kcal

단백질 1kcal

탄수화물 15kcal(식이섬유 1g, 당류 2g)

지방 1kcal(포화 지방 0g, 트랜스 지방 0g)

나트륨 116mg

조리 방법

1 껍질을 깐 단호박 1/5개(103g)의 속을 비우고 비닐에 싸서 전자레인지에 4분 익힙니다.

2 익힌 단호박에 재래식 된장 1스푼(8g), 매실 액 1스푼(7g) 그리고 하얀 설탕 1스푼(10g)
  과 매운 고춧가루 1스푼(4g), 소금 1/2 티스푼(1g)을 넣습니다.

3 물 1과 1/4컵(200g)에 옥수수 전분 1/2스푼(3g)을 풀어주고 준비된 재료에 넣어줍니다.

4 중간불에서 5~6분 정도 끓여 줍니다.

5 내용물이 끓으면 불을 잠시 끄고, 아직 익지 않은 상태에서 고운 체를 이용해 찌꺼기를
  한 번 걸러내 버립니다.

6 나머지 내용물을 약한불에서 2분간 저으며 끓여 줍니다.

재래식 된장은 약간 텁텁한 맛 때문에 국이나 탕을 끓일 때 이외에는 사용에 제한이 있습니다. 하지만 오늘 만든 만능 된장 소스는 퓨전 소스로써, 샐러드와 삼겹살 찍먹 소스로도 무난합니다. 사용하고 난 된장 소스는 소독한 밀폐 용기에 담아 냉장 상태에서 1개월 정도 보관이 가능합니다.

매콤한 한식은 이거 하나로 완성!

만능 고춧가루 소스

낚지볶음　제육볶음　부대찌개 등에 활용 가능합니다.

🍲 소스 이야기

낙지 혹은 쭈꾸미 전문점에 가서 덮밥을 주문하면 일반적으로 매운맛, 중간 맛, 보통 맛의 강도를 물어봅니다. 하지만 '맵찔이'들에게는 보통 맛도 맵습니다. 문제는 소스가 식당이 아닌 공장에서 만들어지고, 공장에서 만드는 기본 베이스 소스 자체에 매운맛이 일정 수준 이상 첨가된다는 것입니다. 따라서 아무리 식당에서 맵지 않게 해달라고 요청을 해도 맛의 퀄리티를 떨어뜨리지 않는 선에서 덜 맵게 만드는 데에는 한계가 있습니다. 이번에는 내 마음대로 매운맛을 조절할 수 있으며 텁텁한 맛을 내는 고추장 대신 고춧가루만 사용한 만능 고춧가루 소스를 만들어보겠습니다.

🍴 재료 소개 6회분/1회당 50g 기준

- □ 다진 양파 1스푼(28g)
- □ 마늘 1쪽(7g)
- □ 고운 고춧가루 8스푼(32g)
- □ 하얀 설탕 4스푼(40g)
- □ 식초 1스푼(5g)
- □ 물 1/2컵(80g)
- □ 소금 1/2스푼(6g)
- □ 감자 전분(혹은 옥수수 전분) 1스푼(6g)
- □ 진간장 1/2컵(65g)
- □ 다시다 1스푼(14g)
- □ 올리고당 5스푼(25g)
- □ 굴 소스 1/2스푼(5g)
- □ 다진 무 2스푼(28g)

영양소 분석 50g 기준

열량 67kcal

단백질 8kcal

탄수화물 49kcal(식이섬유 2g, 당류 9g)

지방 10kcal(포화 지방 0g, 트랜스 지방 0g)

나트륨 162mg

조리 방법

1 마늘 1쪽(7g)을 다져 줍니다. 그리고 다진 양파 1스푼(28g)과 고운 고춧가루 8스푼 (32g)을 혼합해 주세요.

2 이후 하얀 설탕 4스푼(40g)과 식초 1스푼(5g), 물 1/2컵(80g)과 소금 1/2스푼(6g) 그리고 감자 전분이나 옥수수 전분 1스푼(6g)을 혼합해 주세요.

3 진간장 1/2컵(65g), 다시다 1스푼(14g), 올리고당 5스푼(25g), 굴 소스 1/2스푼(5g), 다진 무 2스푼(28g)을 혼합해 주세요.

4 고춧가루는 굵은 고춧가루가 아닌 고운 고춧가루를 사용합니다. 이 소스에는 전분을 사용했는데, 소스가 다른 요리에 들어갔을 때 점성을 유지하기 위해 꼭 필요합니다. 공장에서는 안전한 유통기한을 확보하기 위하여 모든 재료를 믹서기나 핸드 믹서에 넣고 곱게 분쇄한 후 소스를 마무리하는데 집에서는 굳이 분쇄하지 않아도 됩니다.

만능 고춧가루 소스는 가열하지 않고 재료들을 혼합하여 냉장고에서 1일 정도 숙성시켜 사용하시면 됩니다. 낙지볶음, 제육볶음, 부대찌개 소스로 활용하시면 특히 좋습니다. 사용하고 남은 소스는 소독한 밀폐 용기에 담아서 1개월은 거뜬하게 보관하실 수 있으며 장기 보관하시려면 냉동 상태로 보관하셔도 좋습니다.

만능 초장 소스

뭘 비벼 먹어도 맛있는

나물 덮밥 비빔밥 쫄면 등에 활용 가능합니다.

🍲 소스 이야기

"한 끼를 먹어도 건강하게 먹읍시다." 음식을 개발하는 요리사로서 제 개인적인 신조입니다. 간혹 분식집에 가보면 쫄면, 비빔국수 소스가 나오는데 시판용 소스를 사서 제공하기도 하고, 자신들이 만든 시그니처 소스를 제공하기도 합니다. 이렇게 만든 소스는 매운맛을 내는 청양고추나 캡사이신을 추가하거나 설탕을 추가하는 방식으로 맛 조절이 용이합니다. 식당에 가기 싫은 날 '우리 집' 시그니처 소스를 만들어 남부럽지 않은 맛에 건강한 식사를 할 수 있길 바랍니다.

🍴 재료 소개 11회분/1회당 50g 기준

- ☐ 고추장 1컵(160g)
- ☐ 애플 사이다 식초 4스푼(24g)
- ☐ 하얀 설탕 2스푼(20g)
- ☐ 올리고당 2스푼(10g)
- ☐ 소금 1/2티스푼(1g)
- ☐ 양파 작은 크기 1/2개(28g)
- ☐ 마늘 1쪽(7g)
- ☐ 다진 생강 1/2스푼(2g)
- ☐ 사과 중간 크기 1개(238g)
- ☐ 물 1/2컵(80g)

📑 영양소 분석 50g 기준

열량 27kcal

단백질 1kcal

탄수화물 25kcal(식이섬유 1g, 당류 5g)

지방 1kcal(포화 지방 0g, 트랜스 지방 0g)

나트륨 33mg

조리 방법

1 사과 중간 크기 1개(238g)의 껍질을 벗겨 자른 뒤, 핸드 믹서나 믹서기로 곱게 분쇄해
   사과즙을 준비합니다.

2 양파 작은 크기 1/2개(28g)와 마늘 1쪽(7g), 물 1/2컵(80g)을 핸드 믹서나 믹서기로 곱
   게 분쇄해 야채즙을 준비합니다.

3 고추장 1컵(160g)과 애플 사이다 식초 혹은 양초 식초 4스푼(24g)을 혼합합니다.

4 여기에 하얀 설탕 2스푼(20g)과 올리고당 2스푼(10g), 소금 1/2티스푼(1g)을 혼합하여
   소스 재료를 만들어 줍니다.

5 1번에서 준비한 사과즙과 2번에서 준비한 야채즙을 팬에 함께 넣고 약한불에서 수분
   이 증발할 때까지 6분 정도 저어 줍니다.

6 3번과 4번에서 만들어 놓은 소스 재료와 혼합합니다.

만들고 난 이후

소독한 밀폐 용기에 담아서 1일 정도 숙성한 후 드시면 됩니다. 고추장 소스 안에 사과
과육이 들어 있으므로 너무 오랜 시간 보관은 어렵고, 냉장 상태에서 15일 정도 보관이
가능합니다. 다른 초고추장과는 다르게 조금 묽고 고추장 본연의 무거운 맛이 아닌 가벼
운 맛의 담백한 초고추장입니다. 기호에 맞게 매실 액이나 식초를 추가하면 금상첨화입
니다. 덮밥과 비빔류 음식에도 활용 가능하고 찍먹 소스로도 드실 수 있습니다.

돌아서면 또 생각나는

만능 데리야키 소스

닭고기 야채 볶음　고기 덮밥　삼겹살 찍먹 소스　등에 활용 가능합니다.

소스 이야기

일찍 퇴근한 어느 날, 둘째 딸 부부와 같이 집 근처 꽤 유명한 생고기 집에서 저녁을 먹기로 했습니다. 그런데 돼지고기와 함께 나온 찍먹 소스의 맛이 인상적이라 재료를 물어보니, 데리야키 소스에 고춧가루와 청양고추를 혼합해서 만든 것이었습니다. 집에서도 생각날 때 해먹을 수 있도록 데리야키 소스를 만들어보고자 합니다.

재료 소개 5회분/1회당 50g 기준

육수

☐ 마른 표고버섯 2개(10g)

☐ 가쓰오 액 4스푼(24g)

☐ 무 5×5cm 2조각(50g)

☐ 물 4컵(640g)

☐ 큰 청양고추 1개(12g)

☐ 마늘 1쪽(7g)

만능 데리야키 소스

☐ 육수 1컵(160g)

☐ 옥수수 전분 1/2스푼(3g)

☐ 진간장 10스푼(50g)

☐ 하얀 설탕 4스푼(40g)

☐ 올리고당 4스푼(20g)

☐ 참기름 1/2티스푼(1g)

☐ 2배 식초 1스푼(5g)

☐ 맛술 3스푼(15g)

☐ 계핏가루 1/2티스푼(0.1g)

영양소 분석 50g 기준

열량 50kcal

단백질 4kcal

탄수화물 41kcal(식이섬유 0g, 당류 7g)

지방 5kcal(포화 지방 0g, 트랜스 지방 0g)

나트륨 21mg

조리 방법

1 만능 데리야키 소스를 만들기 위해서는 맛있는 육수가 필요합니다. 우선 마른 표고버 섯 2개(10g), 가쓰오 액 4스푼(24g), 무 5×5cm 2조각(50g), 큰 청양고추 1개(12g), 마 늘 1쪽(7g), 물 4컵(640g) 등의 육수 재료를 넣고 센불에서 8분 정도 끓입니다. 이후 건 더기를 건집니다.

2 만들어 놓은 육수 1컵(160g)과 옥수수 전분 1/2스푼(3g)을 중약불에서 저으며 3분 정도 끓여 주고 일단 불을 끕니다.

3 진간장 10스푼(50g)을 준비합니다. 소스에서 간장이 차지하는 비중이 크기 때문에 맛있
   는 간장 사용을 권장합니다. 하얀 설탕 4스푼(40g), 올리고당 4스푼(20g)을 준비합니다.

4 참기름 1/2티스푼(1g)과 2배 식초 1스푼(5g) 그리고 맛술 3스푼(15g)을 준비합니다. 맛
   술 대신 같은 양의 미향이나 미림을 사용해도 상관없습니다.

5 계핏가루 1/2티스푼(0.1g)을 넣고 모든 재료가 잘 섞이도록 저어서 준비합니다.

6 2번에서 준비해 놓은 전분물과 모든 혼합 재료를 팬에 붓고 중간불에서 1차로 3분 정
   도 끓입니다. 내용물이 끓기 시작하면 아주 약한불에서 4분 정도 저으며 소스를 걸쭉
   하게 만듭니다. 소스가 걸쭉해지면 마무리합니다.

대체로 물엿과 전분이 많이 들어간 시판용 데리야키 소스와는 다르게 찍먹 소스로 사용해도 그다지 짜다는 느낌이 없습니다. 간장의 짭조름한 맛은 스테이크, 덮밥류, 면류 등 영역에 상관없이 사용하셔도 되며 중독성이 있습니다. 소독한 밀폐 용기에 담아 냉장 상태에서 3개월까지는 충분히 보관할 수 있습니다.

- 만능 데리야키 소스는 단짠의 조화가 절묘합니다. 튀김과 생선도 이 소스와 잘 어울리

  니 함께 드셔보시는 것을 추천합니다.

떡볶이·찜닭 어디에 넣어도 맛있는
만능 로제 소스

떡볶이 닭 요리 파스타 등에 활용 가능합니다.

🍲 소스 이야기

로제(Rose)는 프랑스어로 분홍색을 뜻하는 말입니다. 로제 소스는 붉은 소스와 하얀 소스가 합쳐져 분홍 소스가 된다고 하여 붙여진 이름이죠. 사실 우리 입맛에 맞춰서 고춧가루나 고추장이 들어간 국내 시판용 로제 소스를 살펴보면 분홍색보다는 노란색 혹은 주황색에 더 가깝습니다. 이는 원래 로제 소스와 제조 방식에 차이가 있고, 고추장과 고춧가루를 사용하기 때문입니다. 이번에는 로컬화된 노란색 로제 소스와 주황색 로제 소스, 이 두 가지를 모두 만들어보겠습니다. 시판용 크림 소스에 토마토케첩을 2:1로 섞어 급하게 만드는 로제 소스와는 맛과 퀄리티가 확연히 다를 것입니다.

재료 소개 14회분/1회당 50g 기준

- □ 양파 큰 거 1/3개(53g)
- □ 마늘 4쪽(28g)
- □ 올리브오일 4스푼(20g)
- □ 토마토 스파게티 소스 1/2병(185g)
- □ 하얀 설탕 1스푼(10g)
- □ 우유 1통(200g)
- □ 생크림 1통(200g)
- □ 소금 1티스푼(2g)
- □ 후춧가루 1/2 티스푼(0.2g)
- □ 고추장 크게 3스푼(81g)

영양소 분석 50g 기준

열량 69kcal

단백질 5kcal

탄수화물 15kcal(식이섬유 0g, 당류 2g)

지방 49kcal(포화 지방 3g, 트랜스 지방 0g)

나트륨 140mg

조리 방법

1 팬에 올리브오일 4스푼(20g)을 넣고 달궈 줍니다. 양파 큰 거 1/3개(53g)를 채썰고 마늘 4
쪽(28g)을 편으로 썬 뒤 후춧가루 1/2티스푼(0.2g)과 소금 1티스푼(2g)을 넣어 간을 합니
다. 야채들이 노릇해질 때까지 볶습니다.

2 볶은 야채 위에 토마토 스파게티 소스 1/2병(185g)과 하얀 설탕 1스푼(10g) 그리고 우유 1
통(200g), 생크림 1통(200g)을 넣고 중간불에서 은근하게 끓여 줍니다.

3 중간불에서 3분 정도 끓인 후 식혀서 내용물을 블렌더나 핸드 믹서로 곱게 분쇄하면 로
제 소스 완성입니다.

4 여기서 더 나아가 노란색 로제 소스에 고추장 크게 3스푼(81g)을 투입하면 우리가 흔하게
  알고 있는 주황색의 로제 소스가 됩니다. 이렇게 매운맛을 더하게 되면 떡볶이와 특히 잘
  어울리는 소스가 탄생합니다.

만들고 난 이후

'소스 이야기'에서 설명했지만, 로제는 원래 고추장과 고춧가루가 들어가는 소스가 아닙
니다. 그런데 로제가 한국에 들어오면서 우리 입맛에 맞게 로컬화되었습니다. 스파게티용
로제를 즐기시려면 첫 번째 버전의 로제 소스를 만들어 사용하시고 떡볶이를 만들려면
고춧가루 혹은 고추장이 들어간 두 번째 버전의 로제 소스를 만들어 사용하시기 바랍니
다. 소스는 소독한 밀폐 용기에 담아 냉장 상태에서 3~4일 보관 가능합니다.

2부

배달 어플 1위
맛집의 비밀,
지금 공개합니다!

한남동 스테이크 하우스의
와인 소스

고기 스테이크 닭가슴살 스테이크 샤브샤브 등에 활용 가능합니다.

🍲 소스 이야기

식료품이 많이 쌓이다 보면 한 번씩 냉장고를 털어내야 하는데, 이게 반복되다 보니 친구들을 불러 다 같이 밥을 먹는 일종의 '홈파티'가 되어버렸습니다. 이제는 홈파티를 위해서 식료품을 추가로 구매하는 경우도 있습니다. 배보다 배꼽이 커진 셈입니다.

이왕 파티를 여는 거 한번은 제대로 하고 싶어 스테이크를 준비했습니다. 어떤 소스를 곁들일지 잠깐 고민하다 와인 소스가 최적일 것 같아 시간을 들여 준비했습니다. 기념해야 하는 날이 있거나 제대로 분위기를 내고 싶을 때 만들어 드셔보는 것을 추천합니다.

🍴 재료 소개 7회분/1회당 50g 기준

- □ 레드와인 2컵(300g)
- □ 올리고당 3스푼(15g)
- □ 발사믹 식초 5스푼(30g)
- □ 무염버터 1스푼(18g)
- □ 소금 1/2티스푼(1g)
- □ 후춧가루 1/2티스푼(0.2g)

🏛 영양소 분석 50g 기준

열량 66kcal

단백질 1kcal

탄수화물 32kcal(식이섬유 0g, 당류 1g)

지방 35kcal(포화 지방 1g, 트랜스 지방 0g)

나트륨 104mg

조리 방법

1 2컵(300g)의 레드와인을 약한불에서 6분간 졸입니다. 여러분 집의 화기(가스레인지, 인덕션 등)에 따라 다르지만 이 정도 졸이면 1/3로 양이 줄어듭니다. 와인은 알코올 성분이 있으므로 도수가 낮은 저렴한 포도주를 센불이 아닌 약한불에서 조심스럽게 끓여 주면 됩니다. 센불에서 끓이면 와인에 불이 붙어 위험할 수도 있으니 조심하시기 바랍니다.

2 요리용으로 구매한 저렴한 레드와인의 맛을 보니 단맛보다는 떫은맛이 강해서 올리고당 3스푼(15g)과 발사믹 식초 5스푼(30g)을 넣었습니다. 술의 맛에 따라 올리고당의 양을 늘이거나 줄이셔도 됩니다.

3 소금 1/2티스푼(1g)과 후춧가루 1/2티스푼(0.2g)을 준비해서 약한불에서 4분 정도 더 졸여 주고 불을 끕니다.

4 불을 끈 상태에서 후열(냄비의 뜨거운 열)로 무염버터 1스푼(18g)을 저으며 녹입니다. 다 녹았으면 마무리하고 용기에 넣습니다.

만들고 난 이후

완성된 소스는 소독한 밀폐 용기에 담아 냉장 상태에서 1개월 정도 보관 가능합니다. 소고기 스테이크, 닭가슴살 스테이크, 샤부샤부 소스 등, 가족 모임(홈파티) 때 대표 소스로 활용하는 데 손색이 없습니다.

마트 샐러드도 고급스러워지는 마법의

발사믹 소스

모든 종류의 샐러드   바게트   샌드위치   등에 활용 가능합니다.

🥘 소스 이야기

여러분은 채소와 가장 잘 어울리는 소스가 뭐라고 생각하시나요? 너무 뻔한 이야기일 수도 있지만 저는 발사믹 소스라고 생각합니다. 샐러드를 취급하는 대부분의 프렌차이즈, 뷔페에서 기본 소스로 제공이 되기도 하고요. 대중성이 높다는 건 활용성이 높다는 이야기이기도 합니다. 발사믹 소스는 특히 토마토와 잘 어울리는 소스인데, 토마토뿐만 아니라 아무 채소와 곁들여 먹어도 제값을 톡톡히 합니다. 그런 의미에서 이번에는 발사믹 소스를 만들어보고, 내친김에 샐러드도 만들어보겠습니다.

재료 소개

발사믹 소스 1회분/1회당 50g 기준

☐ 발사믹 식초 4스푼(24g)

☐ 올리브오일 6스푼(30g)

☐ 올리고당 2스푼(10g)

☐ 소금 1/2티스푼(1g)

☐ 후춧가루 1/2티스푼(0.2g)

☐ 씨겨자 소스 1스푼(10g)

샐러드 1회분/1회당 200g 기준

☐ 모둠 채소 1~2인분(200g)

☐ 두부 1/3모(100g)

☐ 블랙 올리브 3개(6g)

☐ 방울토마토 3개(30g)

🗑 영양소 분석

발사믹 소스 50g 기준

열량 219kcal

단백질 2kcal

탄수화물 37kcal(식이섬유 0g, 당류 2g)

지방 180kcal(포화 지방 3g, 트랜스 지방 0g)

나트륨 115mg

샐러드 200g 기준

열량 72kcal

단백질 26kcal

탄수화물 21kcal(식이섬유 2g, 당류 2g)

지방 25kcal(포화 지방 1g, 트랜스 지방 0g)

나트륨 68mg

조리 방법

1 발사믹 식초 4스푼(24g)과 올리브오일 6스푼(30g)을 준비합니다. 여기에 올리고당 2스푼(10g)과 소금 1/2티스푼(1g) 그리고 후춧가루 1/2티스푼(0.2g)을 넣어 줍니다. 가격에 따라서 농도가 묽고 신맛이 강한 것과 단맛이 강하고 농도가 진한 발사믹 식초가 있습니다. 묽고 신맛이 강한 발사믹 식초는 올리고당을 넣으시면 좋습니다. 농도가 진하고 단맛이 강한 발사믹 식초나 글레이즈는 올리고당을 생략하셔도 좋고 기호에 따라서 레몬즙을 넣어도 됩니다. 참고로 올리고당을 사용하시면 끈적거림이 생기는 점 유념하시기 바랍니다.

2 씨겨자 소스 1스푼(10g)을 준비합니다. 올리브오일과 발사믹 식초는 원래 혼합이 잘 안 되는데, 씨겨자 소스가 유화제 역할을 해줍니다. 모든 재료를 잘 혼합한 후 소스를 마무리합니다. 하나 팁을 드리면 올리브오일과 발사믹 식초를 넣은 드레싱이나 소스를 만들 때는 숟가락으로 저으면 혼합이 제대로 되지 않으므로 뚜껑이 있는 밀폐 용기에 담아 흔들면 소스를 혼합하는 데 도움이 됩니다.

3 두부 1/3모(100g)를 주사위 모양의 큐브 크기로 잘라서 키친타월 위에 올려 물기를 제거하고 소금 간을 합니다. 중약불의 팬에 식용유(혹은 올리브오일)를 조금 넣고 두부 앞뒤 모서리가 노릇노릇해질 때까지 굽습니다.

4 구운 두부를 그릇에 옮겨 담습니다. 이후, 블랙 올리브 3개(6g), 방울토마토 3개(30g)를 갈라 줍니다. 여기에 준비된 모둠 채소(200g)와 소스를 먹기 직전에 잘 섞은 후 곧바로 섭취하시면 됩니다.

만들고 난 이후

누구나 쉽게 만들 수 있는 발사믹 소스입니다. 소독한 밀폐 용기에 담아 냉장 상태에서 3개월 정도 보관할 수 있습니다. 섭취하실 때는 소스가 잘 섞이도록 흔들어 주시길 바랍니다.

오사카 골목 샤브샤브집의 비법

타래 소스

오리 로스 구이 샤브샤브 삽겹살 찍먹 소스 등에 활용 가능합니다.

🍲 소스 이야기

일본말 타래(タレ)는 한국어로 소스라는 뜻입니다. 일본 각 지역의 타래는 간장을 베이스로 하지만, 첨가되는 재료가 다르기 때문에 사용하는 음식이 다른 경우가 있습니다. 예를 들어 오사카에서는 와규 야키니꾸집에서 타래를 곁들였고, 동경에서는 샤부샤부 집에서 타래를 곁들였습니다. 소스의 단맛과 짠맛 조절에 따라 어떤 요리에 타래 소스를 곁들일지를 정하시면 됩니다. 이번에 만들 소스는 저만의 방식으로 타래를 해석한 것입니다.

재료 소개 7회분/1회당 50g 기준

☐ 양파 중간 크기 1개(95g)

☐ 대파 1/2개(51g)

☐ 마늘 3쪽(21g)

☐ 진간장 약 3/4컵(100g)

☐ 갈색 설탕 11스푼(110g)

☐ 맛술 1컵(150g)

☐ 쌀로 만든 술 1컵(150g)

☐ 배 주스 종이컵 1컵(140g)

☐ 발사믹 식초 1/3컵(40g)

☐ 계핏가루 1/2티스푼(0.1g)

☐ 물 2와 1/2컵(400g)

🗄 영양소 분석 50g 기준

열량 339kcal

단백질 13kcal

탄수화물 146kcal(식이섬유1g, 당류1g)

지방 180kcal(포화 지방 1g, 트랜스 지방 0g)

나트륨 11mg

조리 방법

1 양파 중간 크기 1개(95g)를 큼직하게 썰어서 준비합니다. 또한, 대파 1/2개(51g)를 어
  슷썰기 해서 준비합니다. 마늘 3쪽(21g)을 준비합니다.

2 여기에 진간장 약 3/4컵(100g), 맛술 1컵(150g), 갈색 설탕 11스푼(110g), 쌀로 만든 술
  1컵(150g)을 혼합합니다.

 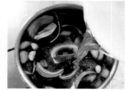 

3 발사믹 식초 1/3컵(40g)과 배 주스 1컵(140g), 계핏가루 1/2티스푼(0.1g), 물 2와 1/2컵
  (400g)을 혼합합니다.

4 모든 재료를 냄비에 넣고 센불에서 3분 정도 끓입니다. 내용물이 끓기 시작하면 중간불에서 10분 끓이고 약불에서 다시 10분 끓여 주시면 됩니다.

5 야채가 완전히 익었으면 체에 걸러 줍니다.

 ## 만들고 난 이후

쌈장이나 머스터드 혹은 땅콩 소스에 찍어 먹는 오리 로스 구이도 맛있지만, 만능 타래에 찍어 먹는 오리 로스 구이 맛이 으뜸입니다.

이번에 만든 타래 소스는 소독한 밀폐 용기에 담아 냉장 상태에서 2개월 보관 가능합니다. 오리 로스 구이는 물론이고 샤브샤브, 돼지고기(삼겹살, 오겹살), 스테이크에도 찍먹 소스로 좋습니다.

고급 레스토랑의 깔끔한 샐러드

오리엔탈 드레싱

야채 샐러드 드레싱   숯불구이 찍먹 소스   등에 활용 가능합니다.

🍲 소스 이야기

이번에는 오리엔탈 드레싱을 한국적인 간장 베이스 샐러드 소스로 재해석해보겠습니다. 제가 근무하는 회사에서는 종종 점심에 구내식당에서 닭가슴살 샐러드와 오리엔탈 소스 그리고 사우전드 아일랜드 드레싱을 내놓습니다. 회사가 시골에 있고 연세 있는 직원들이 많다 보니 대부분은 보통 오리엔탈 소스보다 친숙한 마요네즈 베이스의 사우전드 아일랜드 드레싱을 선호합니다. 반면에 20~30대의 젊은 직원들은 보통 열량이 낮은 오리엔탈 소스를 선호합니다. 하지만 맛에 나이라는 게 어디 있겠습니까. 남이야 무엇을 더 맛있다고 생각하든 나한테만 맛있으면 되지 않냐는 생각을 해 봅니다.

🍴 재료 소개 2회분/1회당 50g 기준

- ☐ 진간장 5스푼(25g)
- ☐ 맛술 2스푼(10g)
- ☐ 올리브오일 3스푼(15g)
- ☐ 레몬즙 2스푼(12g)
- ☐ 식초 2스푼(10g)
- ☐ 올리고당 6스푼(30g)
- ☐ 마늘 1쪽(7g)
- ☐ 후춧가루 1/2티스푼(0.2g)
- ☐ 다진 양파 1스푼(28g)

🏛 영양소 분석 50g 기준

열량 122cal

단백질 6kcal

탄수화물 56kcal(식이섬유 1g, 당류 1g)

지방 60kcal(포화 지방 1g, 트랜스 지방 0g)

나트륨 28mg

조리 방법

1 진간장 5스푼(25g)과 맛술 2스푼(10g), 올리브오일 3스푼(15g)을 준비합니다. 소스는
  간장 맛에 영향을 크게 받기 때문에 가능한 맛있는 간장 사용을 권장합니다.

2 레몬즙 2스푼(12g)과 식초 2스푼(10g), 올리고당 6스푼(30g)을 혼합합니다. 마늘 1쪽
  (7g)을 곱게 다지거나 절구에 쪄서 추가로 혼합해 줍니다.

3 후춧가루 1/2티스푼(0.2g)과 작은 크기의 양파 1/2개를 다지듯이 곱게 잘라서 1스푼
  (28g)을 준비합니다.

4 준비한 양파를 재료와 잘 섞이도록 저어서 혼합하고 소스를 마무리합니다.

🍽 만들고 난 이후

간장 베이스의 소스에 단맛을 더할 때는 인위적인 설탕 단맛보다는 은은하고 깊은 단맛을 내기 위하여 올리고당을 사용했습니다. 이 소스는 짠맛과 신맛이 적절한 조화를 이루며 중간에 올리고당의 단맛이 균형을 잡아줍니다. 만일 올리고당이 없으면 대안으로 조청이나 물엿을 사용해도 됩니다. 또한, 고춧가루로 매운맛을 살짝 올려도 됩니다. 소독한 밀폐 용기에 담아 냉장 상태에서 3개월은 보관 가능합니다.

장충동 부럽지 않은

냉채 소스

목이버섯 냉채   냉채 족발   해파리 냉채   등에 활용 가능합니다.

🍲 소스 이야기

어느 날, 불고기 전문 음식점에 갔는데 반찬으로 목이버섯 냉채가 나왔습니다. 색다르게 만든 목이버섯 냉채 맛이 너무도 인상적이었습니다. 목이버섯 냉채에 겨자를 개서 넣은 것 같았고, 요거트가 아닌 새콤한 요구르트를 넣어 맛을 낸 듯했습니다. 그래서 이번에는 요구르트 베이스의 냉체 소스를 소개합니다. 기존 냉채 소스보다 무겁지 않고 깔끔한 맛입니다.

 재료 소개 4회분/1회당 50g 기준

- ☐ 진간장 3스푼(15g)
- ☐ 갈색 설탕 2스푼(20g)
- ☐ 2배 식초 7스푼(35g)
- ☐ 연겨자 1스푼(4g)
- ☐ 생 와사비 1/2스푼(5g)
- ☐ 요구르트 2/3컵(140g)

🗄 **영양소 분석** 50g 기준

열량 43kcal

단백질 6kcal

탄수화물 26kcal(식이섬유 0g, 당류 6g)

지방 11kcal(포화 지방 1g, 트랜스 지방 0g)

나트륨 27mg

1 진간장 3스푼(15g)과 갈색 설탕 2스푼(20g) 그리고 2배 식초 7스푼(35g)을 준비합니다. 이번에 만드는 소스 역시 간장 맛이 근사하면 소스 맛이 좋아지기 때문에 좋은 간장 사용을 적극적으로 권장합니다.

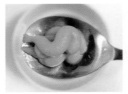  

2 연겨자 1스푼(4g)과 생 와사비 1/2스푼(5g) 그리고 요구르트를 2/3컵(140g)을 준비합니다.

3 모든 재료를 잘 혼합한 후 고운 체로 건더기를 걸러냅니다.

만들고 난 이후

겨자 냉채 소스는 생 와사비가 들어갔지만, 콧등을 때릴 정도의 매운맛이 아닌 새콤달콤한 맛입니다. 꼬들꼬들한 목이버섯 냉채 그리고 샐러드 드레싱으로도 너무나 잘 어울립니다. 만약 발효된 겨자를 사용하신다면 더 강한 맛을 느낄 수 있습니다. 소독한 밀폐 용기에 담아 냉장 상태에서 3개월 정도 보관이 가능합니다.

베이글 먹으러 런던 갈 필요없는

대파 크림치즈 소스

베이글 바게트 파스타 등에 활용 가능합니다.

🍲 소스 이야기

퇴근 후, 장을 보기 위해 마트에 들렀습니다. 그런데 채소 코너에 있는 대파가 온종일 주인을 찾다가 목이 말라 애가 타서 그런지 잎이 누렇게 뜬 채 애처롭게 저를 바라보더군요. '아저씨 나 좀 데려가 주세요'라는 표정을 짓고 있어 반값이 안 되는 저렴한 가격으로 사들였습니다. 누렇게 뜬 대파든, 싱싱한 대파든 상관없이 조금만 손을 대주면 고급진 크림치즈 소스가 될 수 있습니다. 지금부터 대파의 완벽한 변신을 보여드리겠습니다.

🍴 재료 소개 3회분/1회당 50g 기준

- ☐ 물 1/2컵(80g)
- ☐ 대파 1/2개(51g)
- ☐ 크림치즈 4스푼(40g)
- ☐ 마요네즈 1스푼(17g)
- ☐ 하얀 설탕 1스푼(10g)
- ☐ 소금 1/2티스푼(1g)
- ☐ 후춧가루 1/2티스푼 (0.2g)

📦 영양소 분석 50g 기준

열량 78kcal

단백질 3kcal

탄수화물 16kcal(식이섬유 0g, 당류 3g)

지방 59kcal(포화 지방 3g, 트랜스 지방 0g)

나트륨 116mg

조리 방법

1 생 대파를 그대로 쓰는 대신 캐러멜라이징화해서 대파의 단맛을 끌어올리고 매운맛을 없애겠습니다. 물은 1/2컵(80g)을 준비하고 대파 1/2개(51g)를 작게 잘라서 기름 없이 중간불로 저으며 팬에 구워 줍니다.

2 대파가 구워지면 물 1스푼을 넣어 대파를 잘 섞어줍니다. 또 물기가 마르면 다시 물을 넣고 대파를 섞어주는 작업을 대파가 커피색이 될 때까지 계속해서 반복합니다.

3 크림치즈 4스푼(40g)과 마요네즈 1스푼(17g) 그리고 하얀 설탕 1스푼(10g), 소금 1/2티 스푼(1g), 후춧가루 1/2티스푼(0.2g)을 만들어 놓은 캐러멜라이징한 대파와 잘 혼합한 후 소스를 마무리합니다.

크림과 마요네즈를 혼합한 크림치즈는 너무 식상한 듯해서 대파를 캐러멜라이징화하여 만능 대파 크림치즈 소스를 만들어보았습니다. 이렇게 만들게 되면 대파 특유의 구리구리한 냄새가 전혀 없습니다.

소스를 더욱더 꾸덕꾸덕하게 만들려면 크림치즈 10g 정도를 추가하시면 됩니다. 또한, 대파를 캐러멜라이징한 후 다른 재료와 섞기 전에 키친타월 위에 올려놓고 남은 물기를 제거해야 소스가 더욱더 꾸덕꾸덕해집니다. 소스는 소독한 밀폐 용기에 담아 냉장 상태에서 15일 정도 보관 가능합니다.

마라 업계1위 그 집의
마라 소스

마라샹궈 　마라탕 　마라떡볶이 　등에 활용 가능합니다.

🍲 소스 이야기

저는 예전에 마라 소스를 제 방식대로 해석하여 한국인 입맛에 맞게 로컬화한 적이 있습니다. 완성된 소스는 마라탕 체인점에 공급됐는데 단종이나 변형이 안 되고 몇 년 동안 잘 팔리고 있는 걸 보면 나름의 뿌듯함을 느낍니다.

시장에는 많은 마라 소스가 나와 있지만 어떤 원재료가 들어 있는지 정확하게 알수 없습니다. 하지만 마라 소스를 직접 만들어서 사용하면 내 맘대로 맛을 조절할 수 있습니다. 마라 소스에 활용되는 향신료 중 팔각, 월계수, 육두구는 특히 호불호가 강하게 갈리는 포인트 재료입니다. 이런 요소들은 제외하고, 한국인 입맛에 최적화된 소스를 집에서 만들어 봅시다.

🍴 재료 소개 6회분/1회당 50g 기준

- □ 거친 고춧가루 1/2컵(30g)
- □ 식용유 3/4컵(90g)
- □ 대파 중간 크기 2/3개(100g)
- □ 마늘 4쪽(28g)
- □ 된장 4스푼(40g)
- □ 소금 1/2티스푼(1g)
- □ 설탕 1스푼(10g)
- □ 마조유(산초기름) 4스푼(40g)

📋 영양소 분석 50g 기준

열량 94kcal

단백질 7kcal

탄수화물 27kcal(식이섬유 2g, 당류 2g)

지방 60kcal(포화 지방 1g, 트랜스 지방 0g)

나트륨 340mg

🥘 조리 방법

1 대파 중간 크기 2/3개(100g)를 듬성듬성 썰고 마늘 2쪽(14g)을 다져준 뒤 팬에 넣습니다. 식용유 1/4컵(30g)을 넣고 중간불에서 2분 정도 끓여서 대파 기름을 만들어 줍니다. 혹시 이 과정이 귀찮으면 대파 기름을 구매해서 사용하셔도 무방합니다.

2 거친 고춧가루 1/2컵(30g)과 식용유 1/2컵(60g)에 마늘 2쪽(14g)을 곱게 다져 넣어 줍니다.

3 두반장을 넣는 대신 재래식 된장 4스푼(40g) 과 소금 1/2티스푼(1g) 그리고 설탕 1스푼(10g)을 혼합합니다.

4 마조유(산초기름) 4스푼(40g)과 준비된 재료들을 잘 혼합한 후 재료들을 팬에 넣고 중
   불에서 3~4분 끓여 줍니다. 마조유(산초기름) 대신 마자오와 화자오를 각각 7g씩 갈아
   서 사용하셔도 됩니다.

만들고 난 이후

마라는 특유의 향신료 때문에 호불호가 극명하게 갈리는 음식입니다. 아무리 맛있는 음
식도 해당 문화권과 맞지 않으면 대중화될 수 없고 좋아하는 사람들만 좋아하게 됩니다.
저는 한국 사람들이 마라 맛을 쉽게 좋아할 수 있도록 향신료 사용을 최소화하였고 컨트
롤하기 어려운 두반장을 된장으로 대체했습니다. 만들어진 소스는 소독한 밀폐 용기에
담아 냉장 상태에서 3개월 보관 가능합니다.

스위트콘을 새롭게

깡통 옥수수 드레싱

야채 샐러드　돈가스　양배추 코울슬로　등에 활용 가능합니다.

🍲 소스 이야기

이번에는 생활 속에서 많은 음식과 샐러드에 활용될 수 있는 쉬운 깡통(캔) 옥수수 드레싱을 만들어보고자 합니다. 이 소스를 만들기 위해서는 오렌지 1개가 필요한데 냉장고에 오렌지가 없으면 감귤 3~4개를 써도 좋을 듯합니다. 오렌지는 과육과 껍질을 분리해서 둘 다 사용할 계획입니다. 그러니 껍질을 버리면 안 됩니다.

🍴 재료 소개 8회분/1회당 50g 기준

- ☐ 오렌지 1개(190g)
- ☐ 깡통(캔) 옥수수 1/2개(170g)
- ☐ 마요네즈 1스푼(17g)
- ☐ 갈색 설탕 1스푼(10g)
- ☐ 레몬즙 2스푼(12g)
- ☐ 맛술 1스푼(5g)
- ☐ 허니머스터드 소스 1스푼(7g)
- ☐ 땅콩버터(크리미) 크게 1스푼(15g)
- ☐ 소금 1티스푼(2g)
- ☐ 오렌지 1개 껍질(제스트) 1스푼(10g)
- ☐ 백후추 가루 1/2티스푼(0.2g)

🗄 영양소 분석 50g 기준

열량 182kcal

단백질 19kcal

탄수화물 123kcal(식이섬유 5g, 당류 13g)

지방 40kcal(포화 지방 1g, 트랜스 지방 0g)

나트륨 542mg

1 오렌지 1개(190g)의 제스트(껍질)를 채칼이나 제스터 등으로 분리해 10~20g을 준비합
니다. 혹시 모를 오렌지의 잔류 농약이 걱정되신다면 여러분들이 잘 아시는 베이킹소다
(탄산수소나트륨 혹은 중조) 1스푼(2g) 정도를 물에 희석하여 오렌지를 깨끗이 씻은 뒤
물기를 제거합니다. 제스트로 활용되고 남은 오렌지 1개의 과육도 따로 준비해둡니다.

2 찬물에 소금 1/2티스푼(1g)을 넣고 센불에서 끓입니다. 물이 끓으면 옥수수 캔 1/2개
(170g)를 넣고 약 3분 30초 정도 끓여주세요.

3 이후 체에 밭쳐서 물기를 제거합니다. 옥수수와 오렌지를 핸드 믹서나 분쇄기에 넣고
곱게 분쇄한 후 걸러 줍니다. 걸러낸 찌꺼기는 버립니다.

4 분쇄하고 걸러 놓은 오렌지와 옥수수즙에 마요네즈 1스푼(17g), 갈색 설탕 1스푼(10g), 레몬즙 2스푼(12g)과 맛술 1스푼(5g)을 넣습니다. 레몬즙은 식초로 대체 가능합니다. 갈색 설탕 대신 같은 양의 하얀 설탕을 써도 되지만 색감이 달라집니다. 맛술은 잡내를 없애는 용도인데, 더 근사하게 만들고 싶다면 같은 양의 화이트와인을 사용하셔도 됩니다.

5 허니머스터드 소스 1스푼(7g)과 땅콩 분태나 알갱이가 들어있지 않은 크리미한 버전의 땅콩버터 크게 1스푼(15g)을 넣어 줍니다. 땅콩 알레르기가 있으면 발효 요구르트 2스푼으로 대체하여 주시기 바랍니다.

6 오렌지 제스트(10g)와 소금 1/2티스푼(1g) 그리고 백후추 가루 1/2티스푼(0.2g)을 넣고 잘 저어 준 후 마무리하시기 바랍니다.

만들고 난 이후

오렌지 향이 강하고 새콤하며 크리미한 옥수수 드레싱입니다. 개인적으로 레몬 껍질을 활용한 것보다 오렌지 껍질을 활용한 소스가 좋은 결과가 나왔다고 생각해서 오렌지 껍질을 식품 소재로 발견한 것이 저에게는 큰 수확입니다.

새콤한 맛의 옥수수 드레싱은 야채 샐러드 드레싱이나 돈가스 소스에 활용하시면 좋습니다. 소독한 밀폐 용기에 담아 냉장 상태에서 15일 정도 보관 가능합니다.

• 깡통 옥수수 드레싱과 가장 잘 어울리는 채소는 양배추일 것입니다. 경양식 집의 그
맛을 생각하시면 됩니다.

어릴 적 엄마랑 먹었던 추억의 맛

데미그라스 소스

돈가스　함박스테이크　오므라이스　등에 활용 가능합니다.

🍲 소스 이야기

출장길에 점심을 먹으려고 고속도로 휴게소에 들어갔는데 '경양식집 스타일 돈가스'라는 메뉴가 있어 주문해서 먹어보았습니다. 그런데 브라운 루(Roux) 소스를 사용하지 않고 플레버(일종의 향료)를 사용하여 만든 소스를 사용한 음식이었습니다. 먹으면서 자꾸 아쉬움이 남았습니다.

숙소로 돌아오니 갑자기 옛날 명동 유네스코회관 근처 경양식집에서 먹었던 추억의 데미그라스 소스가 생각이 났습니다. 그런 의미에서 이번에는 버터와 밀가루를 사용한 브라운 루 소스 기반의 데미그라스 소스를 만들어보겠습니다.

🍴 재료 소개 7회분/1회당 50g 기준

□ 무염버터 2스푼(36g)
□ 밀가루 5스푼(30g)
□ 양파 중간 크기 1/2개(40g)
□ 당근 중간 크기 2/3개(25g)
□ 마늘 1쪽(7g)
□ 토마토 페이스트 크게 3스푼(32g)
□ 물 1/2컵(80g)
□ 진간장 1스푼(5g)
□ 하얀 설탕 1스푼(10g)
□ 후춧가루 1/2티스푼(0.2g)
□ 계핏가루 1/2티스푼(0.1g)
□ 소금 1/2티스푼(1g)
□ 레드와인 2/3컵(100g)
□ 월계수 잎 2장(0.5g)

📋 영양소 분석 50g 기준

열량 74kcal
단백질 4kcal
탄수화물 30kcal(식이섬유 1g, 당류 2g)
지방 40kcal(포화 지방 2g, 트랜스 지방 0g)
나트륨 88mg

조리 방법

1 데미그라스 소스를 만들기 위해 우선 브라운 루 소스를 만들어보겠습니다. 우선 무염
버터 2스푼(36g)을 팬에 넣고 약한불에서 녹여 줍니다.

2 버터가 완전하게 녹으면 밀가루 5스푼(30g)을 넣고 약한불에서 커피색이 될 때까지 젓
습니다.

3 마늘 1쪽(7g)을 편 썰어 준비하고 양파 중간 크기 1/2개(40g), 당근 중간 크기 2/3개
(25g)를 적당한 크기로 썰어준 다음 물 1/2컵(80g)을 넣습니다.

4 준비된 야채와 물을 브라운 루 소스에 넣어 줍니다.

5 팬을 준비합니다. 토마토 페이스트 크게 3스푼(32g), 진간장 1스푼(5g), 설탕 1스푼
(10g), 레드와인 2/3컵(100g), 소금 1/2티스푼(1g), 후춧가루 1/2티스푼(0.2g) 계핏가루
1/2티스푼(0.1g)을 계량해서 팬에 부어 줍니다. 마지막으로 포도주 2/3컵(100g)을 넣고
1분 정도 끓이다가 브라운 루 소스 2컵(350g)과 월계수 잎 2장(0.5g)을 넣습니다.

6 내용물을 저으며 센불에서 2분 정도 끓여주면 소스가 1/2 정도로 줄어듭니다. 고운 체를 이용하여 건더기를 건져내고 소스의 국물만 사용합니다. 데미그라스 소스는 감칠맛이 있고 깊은 맛의 소스입니다.

만들고 난 이후

데미그라스 소스는 보통 육류와 많이 곁들여 먹습니다. 저는 볶음밥 혹은 오므라이스를 만들어 그 위에 데미그라스 소스를 얹어 사용하기도 합니다. 소독한 밀폐 용기에 담아 냉장 상태에서 15일 보관 가능합니다.

연어랑 찰떡궁합

어니언 요거트 소스

연어회   가라아게   샐러드   새우튀김   등에 활용 가능합니다.

소스 이야기

한국 사람들의 식단에 가장 많이 사용되는 식자재인 양파는 연어와도 잘 어울립니다. 그리고 연어는 한국 사람들, 특히 젊은 사람들에게 제일 인기가 많은 어류이기도 합니다. 이번에는 양파를 조금 과감하게 사용해서 연어회 혹은 연어 초밥과 잘 어울리는 어니언 요거트 소스를 만들어보겠습니다. 이렇게 만들어진 소스는 레몬을 곁들인 가라아게, 샐러드, 새우튀김과도 아주 잘 어울립니다.

재료 소개 5회분/1회당 50g 기준

- □ 양파 중간 크기 3/4개(60g)
- □ 그릭요거트 1통(85g)
- □ 케이퍼 1스푼(12g)
- □ 홀스래디쉬 1스푼(16g)
- □ 마요네즈 4스푼(68g)
- □ 레몬즙 3스푼(18g)
- □ 소금 1/2티스푼(1g)
- □ 후춧가루 1/2티스푼(0.2g)
- □ 생크림 1스푼(8g)
- □ 올리고당 2스푼(10g)

영양소 분석 50g 기준

열량 119kcal

단백질 7kcal

탄수화물 17kcal(식이섬유 1g, 당류 1g)

지방 95kcal(포화 지방 2g, 트랜스 지방 0g)

나트륨 443mg

조리 방법

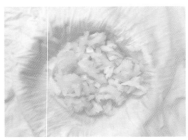

1 양파 중간 크기 3/4개(60g)를 적당하게 다져서 준비합니다.

2 양파의 매운맛을 제거하기 위해 썰어놓은 양파를 10분 정도 물에 담가 놓습니다. 면
   보자기가 있으면 면 보자기에 넣고 물기를 꾹꾹 짜야 합니다. 면 보자기가 없을 경우 체
   에 받쳐 물기를 빼내고 키친타월 등으로 물기를 제거하셔도 됩니다.

3 그릭요거트 1통(85g)을 준비합니다. 그릭요거트가 아닌 플레인요거트를 사용해도 문
   제는 없습니다만 소스 자체가 조금 묽어집니다. 저는 그릭요거트 사용을 적극적으로
   권장합니다.

5 케이퍼 1스푼(12g)을 다져서 넣습니다. 홀스래디쉬 1스푼(16g)과 마요네즈 4스푼(68g)
   그리고 레몬즙 3스푼(18g)과 소금 1/2티스푼(1g) 그리고 후춧가루 1/2티스푼(0.2g), 생
   크림 1스푼(8g) 그리고 올리고당 2스푼(10g)을 넣습니다.

🍽 만들고 난 이후

어니언 요거트 소스를 만들 때 크게 두 가지 선택지가 있습니다. 마요네즈를 활용하여 소스를 만드느냐, 그릭요거트를 활용해서 소스를 만드느냐입니다. 사람 입맛에 따라 다르겠지만 마요네즈가 들어간 어니언 요거트 소스는 뭔가 균형 감각이 있는 반면에 마요네즈가 안 들어가거나 조금 들어간 어니언 요거트 소스는 강렬한 맛이 덜한 대신 마요네즈가 들어간 소스보다 담백합니다.

일본식 느낌을 더 내보고 싶다면 건더기를 요거트와 섞기 전에 핸드 믹서로 곱게 분쇄하면 됩니다. 마요네즈와 그릭요거트가 들어가서 오랜 기간 보존은 어렵습니다. 만든 소스는 될 수 있는 대로 빨리 섭취하세요. 남은 소스는 소독한 밀폐 용기에 담아 냉장 상태에서 최대 7일 보관 가능합니다.

매콤 돈가스 소스

돈가스　새우튀김　등에 활용 가능합니다.

🍲 소스 이야기

견과류(땅콩 혹은 아몬드)를 주재료로 사용한 고소하고 매콤한 맛있는 돈가스 소스를 만들어보겠습니다. 루 소스 없이, 우스타 소스 없이 만들 수 있고 들어가는 재료가 집에 흔히 있는 것들이니 손쉽게 만들 수 있습니다. 기존 돈가스 소스보다 매콤한 맛을 원하시는 분들께 특히 추천을 드립니다. 매콤한 맛의 소스에 돈가스를 찍어 밥과 같이 먹으면 두 그릇은 손쉽게 해치울 수 있을 것입니다.

🍴 재료 소개 8회분/1회당 50g 기준

- ☐ 땅콩 분태 1스푼(21g)
- ☐ 큰 파프리카 1/3개(65g)
- ☐ 마늘 2쪽(14g)
- ☐ 올리브오일 9스푼(45g)
- ☐ 후춧가루 1/2티스푼(0.2g)
- ☐ 소금 1/2티스푼(1g)
- ☐ 매운 고춧가루 1스푼(4g)
- ☐ 발사믹 식초 7스푼(42g)
- ☐ 토마토케첩 7스푼(112g)
- ☐ 양파 중간 크기 1/2개(40g)
- ☐ 체다 슬라이스 치즈 2장(36g)
- ☐ 물 4스푼(20g)

🗄 영양소 분석 50g 기준

열량 130kcal

단백질 12kcal

탄수화물 40kcal(식이섬유 3g, 당류 5g)

지방 78kcal(포화 지방 2g, 트랜스 지방 0g)

나트륨 178mg

조리 방법

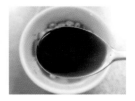

1 땅콩 분태(땅콩을 잘게 부숴 놓은 것) 1스푼(21g)을 기름 없이 팬에서 노릇노릇할 때까지 고소하게 볶아서 준비합니다. 이를 볶는 이유는 땅콩 특유의 쩐내가 나면 소스의 퀄리티가 떨어지기 때문입니다. 기름 없이 팬에 구워 주면 땅콩의 쩐내가 사라집니다.

2 큰 파프리카 1/3개(65g)의 배를 갈라 씨를 제거한 뒤 깍둑썰기해서 준비한 후 마늘 2쪽(14g)과 함께 준비된 땅콩 분태에 넣어 줍니다.

3 올리브오일 9스푼(45g)을 넣어 줍니다. 식용유도 문제없고 해바라기오일, 아보카도오일도 좋습니다. 후춧가루 1/2티스푼(0.2g)과 소금 1/2티스푼(1g)도 넣어 줍니다.

4 매운 고춧가루 1스푼(4g)과 발사믹 식초 7스푼(42g)을 넣습니다. 매운 고춧가루 대신 페페론치노(월남고추) 1~2개를 사용해도 됩니다. 매운맛을 원하지 않으면 넣지 않으셔도 됩니다.

5 토마토케첩 7스푼(112g)을 넣어 줍니다.

6 양파 중간 크기 1/2개(40g)와 체다 슬라이스 치즈 2장(36g)을 적당하게 찢고 물 4스푼(20g)을 넣고 핸드 믹서로 곱게 분쇄한 후 소스를 마무리합니다.

이렇게 만들어진 매콤 돈가스 소스는 고소하고 매콤한 맛이 납니다. 토마토케첩과 발사믹 식초 때문에 산미가 조금 나지만 돈가스의 느끼한 맛을 잡아줄 적당한 산미입니다. 이 매 콤 돈가스 소스는 소독한 밀폐 용기에 담아 냉장 상태에서 1개월 정도 보관 가능합니다.

프렌차이즈 치킨집에서 나오는
잠발라야 소스

치킨 오징어링 새우튀김 등 튀김류에 활용 가능합니다.

🍲 소스 이야기

잠발라야(Jambalaya)는 고기, 해산물, 채소 등 다양한 재료에 쌀을 넣고 볶다가 해산물과 육수를 붓고 끓여 만든 미국 남부의 쌀 요리입니다. 이번에 소개하고 만들어 볼 소스는 위에서 언급한 잠발라야 요리와 무관한 한국식 잠발라야 소스입니다.

한국에 들어오며 어떤 연유로 잠발라야라는 이름이 붙었는지는 정확하게 알 수 없지만, 현재 한 햄버거 체인에서 오징어링의 디핑 소스로 제공하고 있고, 또 다른 치킨 체인에서도 치킨 디핑 소스로 판매 중인 게 있습니다. 만들기 어려울 것 같은 이름과는 달리 이 소스는 집에서 쉽고 간단하게 만들 수 있습니다. 달콤한 맛과 새콤한 맛, 그리고 피클 향이 강하기 때문에 그야말로 튀김류에 딱 어울리는 소스입니다. 제 방식대로 해석하여 한번 만들어보겠습니다.

🍴 재료 소개 5회분/1회당 50g 기준

- ☐ 흑설탕 3스푼(21g)
- ☐ 토마토케첩 2스푼(32g)
- ☐ 고춧가루 1/2스푼(2g)
- ☐ 식초 6스푼(30g)
- ☐ 물엿 10스푼(100g)
- ☐ 다진 양파 1스푼(28g)
- ☐ 마늘 1쪽(7g)
- ☐ 오이피클 1/2컵(38g)
- ☐ 계핏가루 1/2티스푼(0.1g)
- ☐ 소금 1티스푼(2g)

🗑 영양소 분석 50g 기준

열량 111kcal

단백질 1kcal

탄수화물 109kcal(식이섬유 0g, 당류 10g)

지방 1kcal(포화 지방 0g, 트랜스 지방 0g)

나트륨 115mg

조리 방법

1 흑설탕 3스푼(21g)을 준비합니다. 단맛을 싫어하시면 2스푼(14g)만 넣으셔도 됩니다. 여기에 토마토케첩 2스푼(32g)과 고춧가루 1/2스푼(2g)을 넣어 줍니다. 매운맛을 싫어하거나 아이들 간식용 소스를 만드시는 거라면 넣지 않으셔도 됩니다. 식초 6스푼(30g)과 물엿 10스푼(100g)을 추가로 넣어 줍니다.

2 계핏가루 1/2티스푼(0.1g)과 소금 1티스푼(2g)을 준비합니다. 다진 양파 1스푼(28g)과 마늘 1쪽(7g)을 다져서 준비합니다.

3 마지막으로 오이피클 1/2컵(38g)을 다져서 따로 준비합니다.

4 오이피클을 제외한 모든 재료를 섞습니다. 섞은 재료를 팬에 넣고 중간불에서 3분 정도 젓습니다. 그 뒤, 다져놓은 오이피클 1/2컵(38g)을 넣어 줍니다.

5 준비된 모든 재료를 핸드 믹서나 분쇄기로 곱게 분쇄하고 소스를 마무리합니다. 입자가 있으면 찍어 먹는 데 불편해서 분쇄하였습니다.

만들고 난 이후

이렇게 완성된 잠발라야 소스는 달콤한 맛과 새콤한 맛, 그리고 피클의 향과 맛이 강합니다. 산미를 꺼리는 게 아니라면 누구에게나 추천하고 싶은 맛입니다. 소독한 밀폐 용기에 담아 냉장 상태에서 1개월 정도 보관 가능합니다.

3부

아직도 디저트
핫플에서
웨이팅하세요?

토요일 아침 성수동의 여유를 담은

유자청 소스

샐러드 드레싱   바게트 찍먹 소스   등에 활용 가능합니다.

🍲 소스 이야기

옛말에 제철 과일이 보약이라는 말이 있습니다. 사람들은 잘 모르지만 11~12월은
사실 유자가 제철입니다. 하지만 마트에 가면 생유자는 구하기가 어렵고 설탕에
혼합(절임)한 유자청이 즐비합니다. 아쉽지만 구하기 어려운 생유자 대신 설탕이
들어간 유자청과 레몬 제스트를 가지고 환골탈태한 고급 유자청 소스를 만들어보
겠습니다.

🍴 재료 소개 2회분/1회당 50g 기준

- ☐ 유자청 3스푼(72g)
- ☐ 식초 3스푼(15g)
- ☐ 레몬즙 1스푼(6g)
- ☐ 올리브오일 3스푼(15g)
- ☐ 소금 1/2티스푼(1g)
- ☐ 백후추 가루 1/2티스푼(0.2g)
- ☐ 베이킹파우더 1스푼(2g)
- ☐ 레몬 1개 껍질(제스트) 1스푼(10g)

📖 영양소 분석 50g 기준

열량 144kcal

단백질 0kcal

탄수화물 89kcal(식이섬유 1g, 당류 18g)

지방 55kcal(포화 지방 1g, 트랜스 지방 0g)

나트륨 86mg

조리 방법

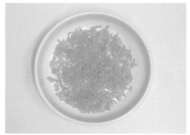 

1 혹시 모를 잔류 농약이 있을 수 있으니 베이킹파우더 1스푼(2g)을 넣은 물에 레몬 1개
   의 껍질(10g)을 2~3번 씻은 후 물기를 제거합니다. 이후 채칼이나 제스터 등의 도구로
   레몬 껍질을 분류해 레몬 제스트 1스푼(10g)을 준비합니다. 생유자가 있다면 생유자를
   쓰시면 됩니다. 시트러스 계열의 과일들은 껍질에 향이 있어서 껍질을 적절하게 활용하
   는 것이 소스를 만드는 데 이롭습니다.

2 준비된 레몬 제스트에 유자청 3스푼(72g), 식초 3스푼(15g), 레몬즙 1스푼(6g)을 혼합
   합니다. 유자향을 살려야 하므로 향이 들어 있는 과일 식초 이외 일반 식초 사용을 권
   장합니다.

3 올리브오일 3스푼(15g), 소금 1/2티스푼(1g)과 백후추 가루 1/2티스푼(0.2g)을 혼합합
   니다. 향이 없는 올리브오일 사용을 권장드립니다.

4 준비된 레몬 제스트를 넣고 잘 혼합한 후 마무리합니다. 레몬 제스트는 소스의 고급스
러움을 극대화해 주는 역할입니다. 설탕의 단맛밖에 없는 유자청에 향과 맛이 입혀져
완성도가 높아집니다.

만들고 난 이후

저는 레몬 껍질을 활용했지만 오렌지나 귤 등 다른 시트러스 계열 과일을 사용해도 좋습니다.
샐러드 드레싱과 빵에 활용하는 찍먹 소스로 드셔도 좋습니다. 소독한 밀폐 용기에 담으
면 냉장에서 1개월 정도 보관할 수 있습니다.

어린이 입맛에 딱인

케첩 소스

소시지 야채 볶음   오므라이스   감자튀김   등에 활용 가능합니다.

🥣 소스 이야기

어머니들이 아이 간식 만들 때 자주 사용하는 소스 세 가지를 골라 보라고 하면 대부분 토마토케첩, 마요네즈, 머스터드를 선택한다 해도 이견이 없을 것입니다. 이런 기본적인 소스들의 맛이 다 '거기서 거기'라고 생각하면 큰 오산입니다. 이번 에는 대기업에도 지지 않는 맛있는 토마토케첩을 만들어보겠습니다.

🍴 재료 소개 8회분/1회당 50g 기준

- ☐ 토마토 큰 사이즈 1개(249g)
- ☐ 하얀 설탕 3스푼(30g)
- ☐ 올리브오일 2스푼(10g)
- ☐ 올리고당 2스푼(10g)
- ☐ 소금 1/2티스푼(1g)
- ☐ 백후추 가루 1/2티스푼(0.2g)
- ☐ 물 2/3컵(106g)
- ☐ 건조된 히비스커스꽃 1스푼(2g)
- ☐ 레몬즙 2스푼(12g)
- ☐ 토마토 페이스트 1스푼(10g)

🍶 영양소 분석 50g 기준

열량 35kcal

단백질 1kcal

탄수화물 23kcal(식이섬유 0g, 당류 4g)

지방 11kcal(포화 지방 0g, 트랜스 지방 0g)

나트륨 54mg

1 냄비에 토마토 큰 사이즈 1개(249g)가 잠길 정도의 물을 부어 끓여주고 물이 끓는 동안 토마토는 꼭지를 따고 열십자로 칼집을 내줍니다.

2 물이 끓으면 토마토를 넣어 껍질이 잘 벗겨질 정도로 데친 후 건져내 껍질을 벗겨줍니다.

3 토마토는 찬물에 헹구지 않고 자연스럽게 식힌 후 숟가락으로 으깨줍니다.

4 으깬 토마토에 설탕 3스푼(30g)과 올리브오일 2스푼(10g) 그리고 올리고당 2스푼(10g), 소금 1/2티스푼(2g)과 백후추 가루 1/2티스푼(0.2g)을 넣습니다.

5 물 2/3컵(106g)과 건조된 히비스커스꽃 1스푼(2g) 그리고 레몬즙 2스푼(12g)을 넣고 준비합니다. 히비스커스꽃은 생략이 가능하고, 레몬즙은 애플 사이다 식초로 대체가 가능합니다.

6 팬에 내용물을 넣고 센불에서 5분 정도 젓습니다. 내용물이 끓으면 토마토 페이스트 1스푼(10g)을 넣어 주고 중간불에서 토마토가 뭉그러질 때까지 끓여 줍니다.

7 내용물을 체에 걸러서 소스 만들기를 마무리합니다.

만들고 난 이후

토마토 껍질이 있는 상태로 소스를 만들어 사용하게 되면 만든 소스의 질감이 거칠어집니다. 게다가 미세한 껍질 사이 공기층으로 인하여 소스가 가볍게 느껴지고 일관된 맛을 느낄 수 없습니다. 그러니 번거롭더라도 토마토를 데쳐서 껍질을 제거한 후 소스를 만들어 주세요.

만일 조금 매콤한 토마토 처트니˙를 원하시면 청양고추 혹은 할라피뇨, 페페론치노, 베트남 고추 등 원하는 매운맛을 기호에 맞게 넣으셔서 나만의 토마토 처트니를 만들어 사용하시기 바랍니다.

오랜 시간 가열을 하였기 때문에 밀폐된 용기에 담아 냉장 상태에서 1개월 정도 보관이 가능하지만, 살균이나 보존제 처리하지 않아서 상온 보관은 금지해 주시기 바랍니다.

＊ 처트니(chutney)는 과일, 설탕, 식초, 향신료 등을 섞은 카레라이스와 같은 걸쭉한 소스로 고기, 치즈, 치킨 등을 찍어 먹을 수 있습니다.

• 케첩의 활용도는 무궁무진하고 여러분이 뭘 넣느냐에 따라 성격이 달라집니다. 일단
한 번 만들어 놓으면 필요할 때마다 먹을 수 있으니 무작정 따라해 보시길 바랍니다.

느끼한 음식엔 알싸하게!

타바스코 소스와 칠리 소스

새우튀김 　고로케 　버팔로윙 　등에 활용 가능합니다.

🍲 소스 이야기

우리가 가정이나 식당에서 흔하게 먹는 매콤한 타바스코 소스와 만능 칠리 소스를 만들어보겠습니다. 먼저 타바스코 소스를 만들고 애매하게 남은 재료들을 활용해서 칠리 소스를 만드는 개념입니다. 낭비되는 재료 없이 활용도가 높은 두 가지 소스를 만들 수 있으니 일석이조인 셈입니다.

재료 소개

타바스코 소스 6회분/1회당 50g 기준
- ☐ 청양고추 중간 크기 6개(60g)
- ☐ 식초 2/3컵(100g)
- ☐ 소금 1과 1/2티스푼(3g)

칠리 소스 6회분/1회당 50g 기준
- ☐ 타바스코 고추 찌꺼기 50g
- ☐ 하얀 설탕 6스푼(60g)
- ☐ 진간장 2와 1/2스푼(12g)
- ☐ 마늘 3쪽(21g)
- ☐ 다진 양파 1스푼(28g)
- ☐ 물 2/3컵(115g)
- ☐ 물엿 5스푼(50g)
- ☐ 옥수수 전분 1스푼(6g)

영양소 분석 50g 기준

타바스코 소스
열량 9kcal
단백질 1kcal
탄수화물 7kacl(식이섬유 0g, 당류 1g)
지방 2kcal(포화 지방 0g, 트랜스 지방 0g)
나트륨 114mg

칠리 소스
열량 77kcal
단백질 2kcal
탄수화물 74kcal(식이섬유 0g, 당류 10g)
지방 1kcal(포화 지방 0g, 트랜스 지방 0g)
나트륨 204mg

1 청양고추 중간 크기 6개(60g)를 준비해서 세척한 후 꼭지를 따서 준비합니다. 핸드 믹서로 분쇄할 생각이지만 먼저 작게 잘라주고 고추씨는 버리지 않고 그대로 사용합니다. 식초 2/3컵(100g)을 자른 고추에 넣어 둡니다. 식초는 될 수 있으면 좋은 식초 사용을 권장합니다.

2 소금 1과 1/2티스푼(3g)을 고추와 식초의 혼합물에 넣은 뒤 핸드 믹서로 곱게 분쇄합니다. 분쇄한 내용물을 냄비에 넣고 잘 저으며 센불에서 2분 정도 끓여 줍니다.

3 이후 채로 건더기를 걸러내고 소스의 국물만 담으면 완성입니다. 걸러낸 건더기는 이어서 소개할 만능 칠리 소스의 재료로 사용할 예정이라 버리면 안 됩니다. 제 방식대로 해석하여 만든 타바스코 소스는 시판용 타바스코 소스보다도 더 매콤하며 전분을 넣지 않아서 색도 선명하고 맛도 텁텁하지 않고 조금 묽습니다. 묽은 소스가 싫으시다면 전분 1티스푼(1g)을 물 3스푼(15g)에 풀어서 소스와 같이 끓이면 약간 걸쭉해집니다.

이렇게 만들어진 타바스코 소스는 시판용 소스보다 매콤한 게 특징입니다. 또한, 텁텁함이 덜해 맛이 깔끔합니다. 소독한 밀폐 용기에 담아 냉장 상태에서 7일간 보관 가능합니다.

1 앞서 타바스코 소스를 만들고 남은 고추 건더기 50g과 하얀 설탕 6스푼(60g), 진간장 2와 1/2스푼(12g), 다져준 마늘 3쪽(21g), 다진 양파 1스푼(28g), 물 2/3컵(100g), 물엿 5스푼(50g)을 혼합합니다.

2 모든 재료를 냄비에 넣고 센불에서 2분 정도 끓여주고 물 3스푼(15g)에 옥수수 전분 1스푼(6g)을 혼합한 전분물을 투입하면서 약한불에서 1분 정도 더 끓여 주고 소스를 마무리합니다.

새콤달콤 매콤하며 충분한 전분이 들어가 소스가 걸쭉합니다. 소독한 밀폐 용기에 담아 냉장 상태에서 1개월 정도 보관 가능합니다.

바게트에 속 발라먹기 좋은

오레오 크림치즈 소스

바게트   크래커 같은 에피타이저   양상추 샐러드   등에 활용 가능합니다.

🍲 소스 이야기

여러분은 오레오를 많이 드시나요? 우리나라에서는 상대적으로 덜하지만 미국에서는 오레오를 우유를 찍어먹는 게 일종의 '국룰'이라고 합니다. 일종의 국민 간식인 셈이죠. 이번에는 베이글에 잘 어울리는 오레오 크림치즈 소스를 만들어보겠습니다. 달콤하고 진득해서 아이들 간식용으로 딱입니다. 마트에 가시면 생각 외로 오레오 과자의 종류가 엄청나게 많다는 사실을 아시게 될 텐데, 저는 오레오 민트 크림 맛을 구입해서 크림치즈 소스를 만들어보겠습니다. 민트 크림의 경우 호불호에 따라 화이트 크림 맛을 선택하셔도 됩니다.

🍴 재료 소개 2회분/1회당 50g 기준

□ 오레오 과자 4개(42g)
□ 크림치즈 2스푼(20g)
□ 소금 1/2티스푼(1g)
□ 떠먹는 요거트 1통(75g)

영양소 분석 50g 기준

열량 113kcal
단백질 9kcal
탄수화물 49kcal(식이섬유 0g, 당류 8g)
지방 55kcal(포화 지방 3g, 트랜스 지방 0g)
나트륨 115mg

조리 방법

1   오레오 과자 4개(42g)를 준비해서 핸드 믹서로 곱게 분쇄합니다. 저는 민트 크림 맛을
    준비했습니다. 이 부분은 취향껏 선택하시기 바랍니다.

2   크림치즈 2스푼(20g)을 준비하고 곱게 분쇄한 오레오 과자 4개(42g)를 준비합니다. 그
    리고 소금 1/2티스푼(1g)을 준비합니다.

3   떠먹는 요거트 1통(75g)을 준비합니다. 저는 꾸덕꾸덕한 맛을 원해서 같은 양의 그릭
    요거트를 사용했습니다. 그리고 모든 재료를 잘 혼합한 후 소스 만들기를 마무리합니
    다. 이번에 만든 소스는 조금 꾸덕꾸덕합니다. 조금 묽은 소스를 원하시면 탄산수 1스
    푼(4g) 정도를 넣어 주세요. 더욱 부드럽고 감칠맛이 납니다.

만들고 난 이후

오레오 과자는 우리에게 익숙하고 친숙한 과자 맛이라 누구든 거부감 없이 쉽게 받아들일 수 있을 듯합니다. 베이글에 최적화된 소스로 만들었는데 사용하여 보니 양배추 혹은 양상추 샐러드에도 잘 어울립니다. 요거트와 크림치즈가 들어 있어 하루 이상 보관할 수 없으므로 필요할 때마다 만들어 사용하시기 바랍니다.

소떡소떡 소스 개발자가 재해석한

소떡소떡 소스

비빔밥 비빔면 소떡소떡 에 활용 가능합니다.

🍲 소스 이야기

제 블로그를 본지 오래된 사람들은 제가 여러분이 휴게소에서 사서 드시는 소떡소떡 소스 개발자라는 사실을 알고 계십니다. 식품업에 종사하시는 분들이 종종 제 블로그에 찾아와 소떡소떡 소스나 제가 개발한 다른 소스에 대해 민감한 질문을 하실 때가 있는데, 저는 이미 그 회사를 떠났지만 적어도 영업 비밀은 지키고 있습니다.
한 가지 흥미로운 점은, 많은 블로거들이 각자의 블로그에 올려놓은 소떡소떡 소스 레시피를 보면 소스에 딸기잼을 넣는다는 것이었습니다. 그런데 사실 잼은 변화에 민감하고 어떤 과일을 어느 농도로 쓰느냐에 따라 맛이 천차만별이라 소스 맛도 덩달아 바뀔 수가 있어 원료로서 전혀 고려하지 않았습니다. 이번에는 이 소떡소떡 소스를 원본과 다른 방식으로 재해석해서 만들어보겠습니다.

🍴 재료 소개 5회분/1회당 50g 기준

- ☐ 고추장 3스푼(75g)
- ☐ 요리당 2/3컵(120g)
- ☐ 토마토케첩 1/3컵(40g)
- ☐ 하얀 설탕 3스푼(30g)
- ☐ 진간장 1스푼(5g)
- ☐ 식초 1스푼(5g)
- ☐ 쇠고기 다시다 2티스푼(4g)
- ☐ 배즙 1스푼(2g)
- ☐ 마늘 분말 1/2티스푼(1g)
- ☐ 양파 분말 1/2티스푼(1g)
- ☐ 옥수수 전분 1티스푼(1g)
- ☐ 물 4스푼(20g)

🗄 영양소 분석 50g 기준

열량 108kcal

단백질 2kcal

탄수화물 105kcal(식이섬유 1g, 당류 7g)

지방 1kcal(포화 지방 0g, 트랜스 지방 0g)

나트륨 63mg

조리 방법

1 고추장 크게 3스푼(75g)을 준비합니다. 그리고 요리당 혹은 올리고당 2/3컵(120g)을 준비합니다. 물엿은 식으면 달라붙는 성질이 있기 때문에 사용하지 않았습니다. 그리고 토마토케첩 1/3컵(40g)을 넣습니다.

2 하얀 설탕 3스푼(30g)과 진간장 1스푼(5g), 식초 1스푼(5g)을 넣습니다 흑설탕이나 갈색 설탕을 같은 양 사용해도 되지만, 소스 색이 어두워지면 만든 음식도 어두워지므로 하얀 설탕을 적극적으로 권장합니다.

3 쇠고기 다시다 2티스푼(4g)과 마늘 분말 1/2티스푼(1g), 양파 분말 1/2티스푼(1g)을 넣습니다.

4 옥수수 전분 1티스푼(1g) 혹은 같은 양의 감자 전분을 넣습니다. 배즙 1스푼(2g) 혹은 같은 양의 배 음료를 넣습니다. 마지막으로 물 4스푼(20g)을 부어주고 잘 저어서 내용물을 혼합합니다.

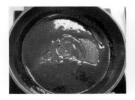

5 모든 재료를 팬에 넣고 중간불에서 4분 정도 저어준 뒤 소스를 마무리합니다.

만들고 난 이후

이번에 만든 소떡소떡 소스는 원본과 유사하게 만들었지만 들어가는 원재료(고추장, 간장)의 제조 회사와 만드는 조건(온도 설정 등)에 따라서 다른 맛이 날 것입니다. 휴게소에서 소떡소떡을 구입해서 소스를 뿌리기만 했을 때는 떡에 소스가 베이지 않아서 맛이 조화롭지 않습니다. 그러니 집에서 소떡소떡을 조리하실 때는 먼저 소떡소떡을 튀겨서 팬에 올리고 그 위에 소스를 뿌려 적당히 버무려 주세요. 휴게소 소떡소떡보다 훨씬 맛있을 것입니다. 소스는 소독한 밀폐 용기에 담아 냉장 상태에서 15일 정도 보관 가능하며 소스에 참기름을 조금 넣으면 비빔밥 혹은 비빔면 소스로 사용해도 손색이 없습니다.

교토의 정통 당고 맛집을 그대로

흑당 소스

찰떡 꼬치　찹쌀 당고떡　프라이드치킨　등에 활용 가능합니다.

소스 이야기

겨울이 되면 편의점에서 만나 볼 수 있는 찰떡 꼬치가 있습니다. 달달하면서도 특유의 풍미가 있는 맛인데요, 정말 똑같은 맛을 의외의 장소에서 찾았습니다. 바로 일본의 청수사 근처에 있는 당고 분식집이었습니다. 일본 여행 도중 들린 곳에서 먹은 당고떡에서 익숙한 맛이 나니, 왜인지 모르게 기분이 묘했습니다. 이번에 만들 흑당 소스는 찰떡 꼬치는 물론, 찹쌀 당고떡, 프라이드치킨에도 잘 어울립니다.

재료 소개 3회분/1회당 50g 기준

- □ 흑설탕 2스푼(14g)
- □ 올리고당 7스푼(35g)
- □ 식초 2스푼(10g)
- □ 진간장 1과 1/2스푼(7g)
- □ 맛술 1스푼(5g)
- □ 물 1/2컵(80g)
- □ 레몬즙 3스푼(18g)
- □ 계핏가루 1/2티스푼(0.1g)

영양소 분석 50g 기준

열량 85kcal

단백질 1kcal

탄수화물 71kcal(식이섬유 0g, 당류 9g)

지방 13kcal(트랜스 지방 0g, 포화 지방 0g)

나트륨 4mg

조리 방법

1 흑설탕 2스푼(14g)을 준비합니다. 같은 양의 갈색 설탕도 사용이 가능하지만 될 수 있으면 흑설탕 사용을 권장합니다. 올리고당 7스푼(35g)을 준비합니다. 물엿은 사용하지 않습니다. 여기에 식초 2스푼(10g)을 넣습니다.

2 진간장 1과 1/2스푼(7g) 혹은 같은 양의 일본식 간장을 준비합니다. 맛술 1스푼(5g)을 넣습니다. 맛술은 미향보다는 미림 사용을 적극 권장합니다. 여기에 물 1/2컵(80g)과 레몬즙 3스푼(18g), 계핏가루 1/2티스푼(0.1g)을 혼합합니다. 계핏가루가 없다면 넣지 않아도 되지만, 넣으면 풍미가 확연하게 살아납니다.

3 모든 재료를 넣고 중간불에서 끓입니다. 내용물이 끓기 시작하면 약불에서 2분 정도 더 끓이다 소스를 마무리합니다.

🍽 만들고 난 이후

흑당 소스는 짭조름합니다. 프라이드치킨, 가래떡 구이, 찰떡 구이에도 잘 어울리는 팔방미인입니다. 혹시 끓인 내용물에 건더기가 눈에 띄게 남아 있다면 채로 걸러 주시면 됩니다. 소독한 밀폐 용기에 담아 냉장 상태에서 15일 정도 보관이 가능합니다.

이삭 줍다 먹는 토스트의 비밀

키위잼

토스트 샐러드 바게트 등 빵류와 활용 가능합니다.

🍲 소스 이야기

이번에는 토스트 집에서 흔히 판매하는 키위잼을 제 방식대로 해석해 보았습니다. 시중에 판매하는 키위 드레싱을 사용하시면 좀 더 빨리 만들 수 있지만 저는 숙소에 그린 키위가 있어 먼저 생 키위로 드레싱을 먼저 만들고 난 후 그 재료들을 사용해서 잼도 함께 만들려고 합니다.

이 잼의 경우 극강의 단맛을 자랑함으로 평소 단 음식을 사랑하시는 분들이라면 아주 좋아할 맛이라고 생각합니다. 키위가 없으신 분들은 드레싱만 사용하여 만드셔도 문제없습니다.

🍴 재료 소개

키위 드레싱 2회분/1회당 50g 기준

- ☐ 그린 키위 1개(80g)
- ☐ 식초 2스푼(10g)
- ☐ 하얀 설탕 3스푼(30g)
- ☐ 라임즙 1스푼(6g)
- ☐ 소금 1/2티스푼(1g)

키위잼 2회분/1회당 50g 기준

- ☐ 키위 드레싱 2스푼(30g)
- ☐ 마요네즈 크게 1스푼(22g)

🏛 영양소 분석 50g 기준

키위 드레싱

열량 65kcal

단백질 1kcal

탄수화물 68kcal(식이섬유 1g, 당류 15g)

지방 1kcal(포화 지방 0g, 트랜스 지방 0g)

나트륨 101mg

키위잼

열량 98kcal

단백질 2kcal

탄수화물 22kcal(식이섬유 1g, 당류 4g)

지방 74kcal(포화 지방 1g, 트랜스 지방 0g)

나트륨 101mg

조리 방법

1 그린 키위 1개(80g)의 껍질을 벗기고 듬성듬성 잘라서 준비하고 식초 2스푼(10g)을 넣어 줍니다. 식초 대신 같은 양의 레몬즙을 사용해도 문제없습니다.

2 하얀 설탕 3스푼(30g), 라임즙 1스푼(6g)과 소금 1/2티스푼(1g)도 넣어 줍니다. 라임즙이 없으면 레몬즙이나 식초로 대신합니다.

'그린 키위는 초록색인데 내가 만든 드레싱은 시판용처럼 왜 초록색이 나오지 않지?'라고 생각하실 분들이 있을까 싶어 말씀드리자면, 사실 그린 키위만 사용하시면 초록색 소스가 나올 수 없습니다. 시중에 판매되고 있는 그린 키위 드레싱의 경우 상품성을 높이기 위해 초록색 감미료를 추가로 사용했을 가능성이 높습니다.

3 만들어 놓은 키위 드레싱 2스푼(30g)에 마요네즈 크게 1스푼(22g)을 넣어서 잘 혼합한 후 소스를 마무리합니다.

만들고 난 이후

새콤달콤하면서 중독성 있는 맛입니다. 키위잼으로 사용하시고 난 이후 샐러드 드레싱으로 사용해도 문제없습니다. 이렇게 만들어진 소스는 마요네즈가 들어가서 오랜 기간 보관은 어렵고 소독한 밀폐 용기에 담아 냉장 상태에서 3일 정도는 보관할 수 있습니다.

허니버터 시즈닝

과자 　감자튀김 　팝콘 　등에 뿌려서 드시면 됩니다.

🍲 소스 이야기

이번에는 허니버터 시즈닝에 들어가는 시즈닝을 만들려고 합니다. 재료 소개에 들어가는 버터 혼합 분말의 경우 버터 맛을 위해 꼭 필요한데, 재료를 구하기 어려울 수 있습니다. 시중에서 판매하는 치즈 혼합 분말을 같은 양으로 대체해도 맛있는 시즈닝을 만들 수 있으니 참고 바랍니다. 또한 구운 쌀가루의 경우 구하기 어려우시다면 일반 쌀가루 제품으로 대체가 가능한 점도 참고 바랍니다.

🍴 재료 소개 3회분/1회당 50g 기준

- ☐ 함수결정포도당 3스푼(40g)
- ☐ 식물성크리머 1스푼 반(10g)
- ☐ 구운 쌀가루 1스푼(10g)
- ☐ 설탕 2스푼(20g)
- ☐ 간장 분말 1스푼(3g)
- ☐ 미원 1티스푼(2g)
- ☐ 꿀 분말 1스푼(10g)
- ☐ 소금 1/2티스푼(1g)
- ☐ 구연산 1티스푼(1g)
- ☐ 버터 혼합 분말 2스푼(11g)
- ☐ 양파 분말 1티스푼(1g)
- ☐ 탈지분유 2스푼(4g)

🍱 영양소 분석 50g 기준

열량 146kcal

단백질 12kcal

탄수화물 86kcal(식이섬유 0g, 당류 19g)

지방 48kcal(포화 지방 3g, 트랜스 지방 0g)

나트륨 110mg

조리 방법

1 함수결정포도당 3스푼(40g)을 준비합니다. 식물성 크리머 1스푼 반(10g)을 준비합니다. 식물성 크리머는 커피를 타 먹을 때 넣는 프림입니다.

2 구운 쌀가루 1스푼(10g) 혹은 같은 양의 쌀가루와 하얀 설탕 2스푼(20g)을 준비합니다. 간장 분말 1스푼(3g)도 필요한데 만약 재료가 없으시다면 고운 소금 1/2티스푼(1g)을 사용하시면 됩니다. 미원 1티스푼(2g)과 꿀 분말 1스푼(10g)도 넣어 줍니다.

3 소금1/2티스푼(1g)과 구연산 1티스푼(1g) 그리고 버터 혼합 분말 2스푼(11g)을 준비해야 하는데, 소스 이야기에서 말씀드렸던 것처럼 이 재료는 구하기 어려우실 수 있으니 치즈 혼합 분말로 대체하셔도 됩니다. 여기에 양파 분말 1티스푼(1g), 탈지분유 2스푼(4g)을 준비해서 고운 체로 곱게 쳐 시즈닝을 마무리합니다.

허니버터 시즈닝은 근사한 벌꿀향이 은은하게 납니다. 그리고 양파 맛이 나면서 아주 약
간의 짠맛이 올라오는 시즈닝입니다. 한때 많은 곳에 원료로 판매되었고 지금도 판매되
고 있습니다. 온전하게 모든 첨가물이 들어가면 소독한 밀폐 용기에 담아 냉장 상태에서
2년 정도 보관이 가능합니다. 다만 사용 후 정확하게 밀봉하지 않으면 케이킹(덩어리지는
현상)이 발생하여 2~3일밖에 보관할 수 없습니다. 감자칩, 양파링 같은 과자와 감자튀김,
샐러드 등에 뿌려서 먹습니다.

중독성 있는 단짠의 조화

허니버터 갈릭 소스

치킨　닭볶음 요리　바게트　등에 활용 가능합니다.

🍲 소스 이야기

저는 제 블로그에서 가열 과정 없이 마요네즈에 다진 마늘을 혼합해서 허니버터 갈릭 소스를 만드는 법을 소개한 적이 있었습니다. 이번에 만들 허니버터 갈릭 소스는 그중에서도 제일 중독성 있는 맛이며 공장 제조 방식처럼 끓여서 만들 예정입니다. '공장 제조 방식'이라고 해서 손이 많이 갈까 긴장하신 분도 있으실 텐데, 쭉 읽어보시면 '나도 할 수 있겠다'라는 생각이 들 것입니다.

🍴 재료 소개 2회분/1회당 50g 기준

- □ 포도씨유 4스푼(16g)
- □ 버터 1스푼(18g)
- □ 마늘 2쪽(14g)
- □ 다진 생강 1스푼(7g)
- □ 큰 청양고추 1개(12g)
- □ 진간장 3스푼(15g)
- □ 흑설탕 1스푼(7g)
- □ 꿀 6스푼(51g)
- □ 식초 2스푼(10g)
- □ 소금 1/2티스푼(1g)
- □ 후춧가루 1/2티스푼(0.2g)

🏛 영양소 분석 50g 기준

열량 167kcal

단백질 4kcal

탄수화물 79kcal(식이섬유 0g, 당류 18g)

지방 84kcal(포화 지방 3g, 트랜스 지방 0g)

나트륨 115mg

조리 방법

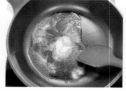

1 팬을 중간불로 달군 뒤 포도씨유(혹은 카놀라유, 현미유, 대두유) 4스푼(16g)과 버터 1스푼(18g)을 넣고 녹여 줍니다.

2 마늘 2쪽(14g)과 큰 청양고추 1개(12g)를 곱게 다집니다. 팬에 다져준 마늘과 청양고추, 다진 생강 1스푼(7g)을 넣어 노랗게 될 때까지 볶아 줍니다.

3 야채 기름이 완성되었으면 불을 잠깐 끕니다.

4 진간장 3스푼(15g)과 흑설탕 1스푼(7g)을 혼합한 뒤 넣습니다. 흑설탕 대신 같은 양의 갈색 설탕도 사용 가능합니다.

5 꿀(혹은 조청, 시럽) 6스푼(51g), 식초 2스푼(10g), 소금 1/2티스푼(1g)과 후춧가루 1/2 티스푼(0.2g)을 넣고 중간불에서 1분 정도 젓습니다. 완성된 내용물을 핸드 믹서로 곱게 분쇄한 후 소스를 마무리합니다.

청양고추 때문에 약간 매콤하고 마늘의 향과 맛이 버터와 잘 어울려 고소합니다. 닭 사이
정육, 가슴살 같은 고기류에 감칠맛을 더합니다. 바게트에도 적합합니다. 소독한 밀폐 용
기에 담아 냉장 상태에서 15일 보관할 수 있습니다.

일본 3대 텐동집의 그 맛 그대로

튀김 소스

새우튀김 가라아게 텐동 등에 활용 가능합니다.

🍲 소스 이야기

시간만 나면 먹거리를 찾아서 국내외를 자주 돌아다녀 보면서 느낀 것이 있습니다. 자기 이름 걸고 음식점을 하는 사람들은 대부분 자신만의 비밀 소스나 비법을 가지고 있다는 사실입니다. 특히 튀김류 전문점 같은 곳은 소스의 맛이 만족도에 큰 영향을 미치기 때문에 자신만의 소스를 가지고 있는 경우가 많습니다. 이들의 소스에 무엇이 들어가는지는 알 수 없으나, 거기에 지지 않는 소스를 만들어 볼까 합니다.

 재료 소개 19회분/1회당 50g 기준

- ☐ 진간장 6스푼(30g)
- ☐ 갈색 설탕 2스푼(20g)
- ☐ 식초 7스푼(35g)
- ☐ 레몬 1/5개(25g)
- ☐ 육수 1/2컵(100g)
- ☐ 맛술 5스푼(25g)
- ☐ 물엿 2스푼(20g)
- ☐ 무 중간 크기 1/2개(115g)
- ☐ 양파 작은 크기 1/2개(23g)
- ☐ 가쯔오 액(혹은 참치 액) 1/3컵(40g)
- ☐ 물3과 1/2컵(560g)

🏺 영양소 분석 50g 기준

열량 19kcal

단백질 2kcal

탄수화물 13kcal(식이섬유 1g, 당류 1g)

지방 4kcal(포화 지방 0g, 트랜스 지방 0g)

나트륨 13mg

조리 방법

1 무 중간 크기 1/2개(115g)를 듬성듬성 썰어 줍니다. 양파 작은 크기 1/2개(23g)도 듬성
듬성 썰어 줍니다. 여기에 가쓰오 액 1/3컵(40g), 물 3과 1/2컵(560g)을 넣고 15분 정
도 중간불에서 끓입니다.

2 체를 이용하여 건더기를 걸러 줍니다. 이렇게 완성된 육수는 그 자체만으로도 충분한
찍먹 소스가 됩니다.

3 진간장 6스푼(30g)과 식초 7스푼(35g), 맛술 5스푼(25g)과 물엿 2스푼(20g), 설탕 2스
푼(20g)을 준비합니다. 하얀 설탕을 사용해도 되지만 저는 색감 때문에 갈색 설탕을 사
용했습니다.

4 2번에서 완성한 육수 1/2컵(100g)에 레몬 1/5개(25g)와 앞서 준비한 재료들을 모두 넣
어준 후, 중간불에서 15분 정도 끓여 주고 소스를 마무리합니다.

만들고 난 이후

멸치나 다시마, 조개는 들어가지 않았지만 일본의 식당에서 쉽게 만날 수 있는 가쯔오가 들어간 레몬 폰즈 소스와 비슷한 맛이라고 보시면 됩니다. 식초가 아닌 애플 사이다 식초를 넣어서 새콤하면서 깊은 맛이 나는 소스로서 튀김을 찍어 먹는데 안성맞춤입니다. 남은 소스는 소독한 밀폐 용기에 담아 냉장 상태에서 3개월 정도 보관 가능합니다.

망고 빙수 먹으러 호텔까지 간다고?

망고 처트니

망고 빙수   샐러드   딱딱한 유의 빵   등에 활용 가능합니다.

🍲 소스 이야기

한여름, 마트에 갔다가 옆에 있는 아이스크림 가게에서 빙수를 먹고 있는 아이들을 봤습니다. 여름에는 정말 더위 식히기에 빙수만한 것이 없지요. 아이들은 특히 더 빙수를 좋아하는 것 같습니다. 이번에는 아이를 가지신 분들, 혹은 집에서 빙수를 만들어 먹고 싶은 분들을 위해 망고 처트니를 구하기 쉬운 재료들을 활용해서 손쉽게 만들어보겠습니다. 빙수가 끌리지 않으시다면 고기, 치즈, 치킨 등에도 찍어 먹을 수 있습니다. 빵과의 궁합은 특히나 환상적입니다.

🍴 재료 소개 9회분/1회당 50g 기준

- □ 구운 땅콩 30알(15g)
- □ 큰 청양고추 1개(12g)
- □ 냉동 망고 300g
- □ 계핏가루 1/2티스푼(0.1g)
- □ 하얀 설탕 2스푼(20g)
- □ 레몬즙 6스푼(36g)
- □ 시판용 망고주스 1/2컵(80g)

영양소 분석 50g 기준

열량 43kcal

단백질 3kcal

탄수화물 32kcal(식이섬유 1g, 당류 8g)

지방 8kcal(포화 지방 0g, 트랜스 지방 0g)

나트륨 1mg

조리 방법

1 약불이나 중약불에서 기름 없이 팬을 달구어 준 후 땅콩 30알(15g)을 넣고 노릇노릇 구워 준비합니다.

2 큰 청양고추 1개(12g)의 씨와 하얀 식이섬유를 제거해 줍니다.

3 준비된 재료에 냉동 망고 300g, 계핏가루 1/2티스푼(0.1g)과 하얀 설탕 2스푼(20g), 레몬즙 6스푼(36g), 시판용 망고주스 1/2컵(80g)을 넣습니다. 계핏가루가 없으면 생략하고 기호에 맞는 허브를 넣으셔도 됩니다. 레몬즙 대신 같은 양의 식초나 화이트와인 식초 사용이 가능합니다.

4 모든 재료를 핸드 믹서로 곱게 분쇄하고 소스 만들기를 종료합니다.

맛있는 망고 맛과 계피의 향, 칼칼하고 매콤한 맛이 각자 자기 목소리를 내고 있는데 청양고추의 칼칼한 맛이 뒤에 치고 올라와 모든 맛을 통일시켜 줍니다. 칼칼한 맛을 극대화하기 위하여 소스를 탬퍼링(열처리) 하지 않았습니다. 만일 살짝 나는 매콤한 맛이 부담되시면 청양고추를 빼고 소스를 만드셔도 문제없습니다. 소독한 밀폐 용기에 담아 냉장 상태에서 1개월 정도 보관 가능합니다.

도미노처럼 밀려오는 감동의 맛!

버터 갈릭 소스

치킨 피자 튀김류 등에 활용 가능합니다.

🍲 소스 이야기

집에서 치킨을 주문해 먹을 때 같이 따라오는 버터 갈릭 디핑 소스는 언제나 그렇듯이 3명 이상의 식구가 먹기에는 턱없이 부족합니다. 그래서 저는 먹던 치킨이 식기 전에 후다닥 소스를 만들고 사진을 찍어 블로그에 올린 적도 있습니다. 그만큼 이 소스는 조리가 간단하고, 맛도 있습니다. 이번에는 그 버터 갈릭 디핑 소스에 매콤한 맛을 조금 더해서 매콤 버터 갈릭 디핑 소스를 만들어보겠습니다. 실망하지 않을 맛이고, 조리도 빠르고 간단합니다. 일단 무작정 따라해 보세요.

재료 소개 3회분/1회당 50g 기준

- ☐ 마요네즈 5스푼(85g)
- ☐ 후춧가루 1티스푼(0.4g)
- ☐ 다진 양파 1스푼(28g)
- ☐ 마늘 4쪽(28g)
- ☐ 큰 청양고추 1개(12g)
- ☐ 올리고당 4스푼(20g)
- ☐ 머스터드 소스 1스푼(9g)
- ☐ 건조된 파슬리 1티스푼(1g)
- ☐ 소금 1/2티스푼(1g)
- ☐ 버터 1조각(30g)

🗑 영양소 분석 50g 기준

열량 224kcal

단백질 4kcal

탄수화물 31kcal(식이섬유 1g, 당류 1g)

지방 189kcal(포화 지방 6g, 트랜스 지방 0g)

나트륨 217mg

조리 방법

1 마요네즈 5스푼(85g)을 준비합니다.

2 여기에 후춧가루 1티스푼(0.4g)을 넣습니다.

3 다진 양파 1스푼(28g)을 추가합니다. 양파 껍질 하나의 5/6정도가 28g 정도 됩니다.

4 마늘 4쪽(28g), 그리고 큰 청양고추 1개(12g)를 곱게 다져서 넣습니다. 매운 것을 못 먹는 사람은 청양고추를 생략하셔도 좋습니다. 추가로 올리고당 4스푼(20g), 머스터드 소스 1스푼(9g), 건조된 파슬리 1티스푼(1g), 소금 1/2티스푼(1g)을 넣습니다.

5 버터 1조각(30g)을 그릇에 담아 전자레인지에서 30초 정도 돌려 완전히 녹입니다. 가지고 있는 전자레인지의 용량(kw)을 모르기 때문에 20초 돌려보고 추가로 10초 정도 더 돌리시기를 적극적으로 권장합니다.

6 녹인 버터를 제외한 모든 내용물을 그릇에 담아서 핸드 믹서로 곱게 분쇄한 후 전자레 인지에서 30초 정도 녹입니다.

7 녹인 내용물을 버터와 혼합합니다. 잘 저어준 후 소스 만들기를 마무리합니다.

만들고 난 이후

매콤하면서 마늘 맛과 향이 버터와 잘 어우러져 기름으로 튀긴 치킨이나 피자에 정말 잘 어울립니다. 소스는 소독한 밀폐 용기에 담아 냉장 상태에서 15일 정도 보관 가능합니다.

느끼한 걸 좋아하면 나를 찾아줘

버터 치즈 소스

토스트 나초 치킨 등과 활용 가능합니다.

🍲 소스 이야기

오래전 홍대 거리에서 유명한 홍대컵치즈 소스를 블로그에서 소개한 적 있습니다. 이번에는 그 소스를 조금 개선해서 버터 치즈 소스를 만들어보려고 합니다. 토스트에도 잘 어울리고 나초처럼 치즈를 찍어먹는 음식과는 최고의 궁합을 자랑합니다. 치킨 등 다양한 요리와 활용할 수 있으니 직접 만들어 봅시다.

재료 소개 5회분/1회당 50g 기준

☐ 무염 버터 2스푼(36g)

☐ 밀가루 6스푼(36g)

☐ 소금 1/2티스푼(1g)

☐ 우유 1통(200g)

☐ 체다 슬라이스 치즈 1장(18g)

🏮 영양소 분석 50g 기준

열량 101kcal

단백질 10kcal

탄수화물 26kcal(식이섬유 0g, 당류 2g)

지방 65kcal(포화 지방 4g, 트랜스 지방 0g)

나트륨 102mg

1 무염 버터 2스푼(36g)을 준비해서 약한불에서 버터를 완전하게 녹여 줍니다. 버터가
  녹으면 소금 1/2티스푼(1g)을 투입합니다. 가염 버터를 사용할 경우 소금은 0.5g만 넣
  어도 됩니다. 저는 무염 버터를 사용해서 1g의 소금을 사용했습니다.

2 밀가루 6스푼(36g)을 넣습니다. 버터와 밀가루를 잘 혼합한 후 황금색(혹은 노란색)이
  될 때까지 약한불에서 저으며 2분 정도 끓여 줍니다. 이렇게 버터 치즈 소스의 베이스
  가 되는 루 소스 완성입니다.

3 우유 1통(200g)을 준비해서 천천히 붓습니다. 약한불에서 우유와 루 소스가 완전히
  섞일 때까지 2분 정도 잘 저어 주시면 됩니다.

4 체다 슬라이스 치즈 1장(18g)을 넣고 약한불에서 저으며 녹입니다. 치즈가 너무 뜨거
  워지면 뭉치거나 꾸덕꾸덕해지기 시작합니다. 이를 방지하려면 치즈를 넣은 다음 1분
  정도 약한불에서 저으며 끓이다가 불을 끄고 치즈가 녹을 때까지 2~3분 정도 저어야
  합니다. 주걱이 움직일 때마다 팬이 보이면 소스를 마무리해야 합니다.

실패에는 뭔가 이유가 있습니다. 위쪽 사진이 실패한 결과물입니다. 마지막 단계에서 방심하고 불 조절을 잘못하는 바람에 치즈가 너무 뜨거워졌고, 이 상태로 계속 저어 주었더니 소스가 줄줄 흐르는 상태가 아니라 너무 꾸덕꾸덕하게 변했습니다. 아래쪽 사진과 같은 결과물이 나와야 합니다. 치즈 소스는 소독한 밀폐 용기에 담아 냉장 상태에서 4일 정도 보관 가능합니다.

튀김과 토스트 모두 어울리는
타르타르 소스

🍲 소스 이야기

이번에 소개해드리는 타르타르 소스는 토스트나 햄버거를 만들 때 속재료 소스로 활용하시면 좋습니다. 타르타르 소스 자체가 활용도가 높기 때문에 생선튀김이나 돈가스, 샐러드 같은 음식에도 활용이 가능합니다. 다만 생각보다 보관 가능기한이 짧기 때문에 이 점 유의하시고 소스 만들기를 시작해 봅시다.

 재료 소개 7회분/1회당 50g 기준

- ☐ 블랙 올리브 6개(17g)
- ☐ 케이퍼 1과 1/2스푼(17g)
- ☐ 양파 중간 크기 1개(150g)
- ☐ 레몬 1개 껍질(제스트) 1스푼(10g)
- ☐ 레몬주스(즙) 4스푼(24g)
- ☐ 후춧가루 1/2티스푼(0.2g)
- ☐ 마요네즈 5스푼(85g)
- ☐ 건조된 파슬리 1/2티스푼(0.1g)
- ☐ 달걀노른자 1개(15g)
- ☐ 달걀흰자 1개(30g)
- ☐ 하얀 설탕 1스푼(10g)

🏮 **영양소 분석** 50g 기준

열량 109kcal

단백질 4kcal

탄수화물 16kcal(식이섬유 1g, 당류 2g)

지방 89kcal(포화 지방 2g, 트랜스 지방 0g)

나트륨 150mg

조리 방법

1 물을 달걀이 완전하게 잠길 정도로 냄비에 넣고 센불에서 15~16분 삶아 주면 완숙 달걀이 됩니다. 삶을 때 달걀을 한두 번 정도 굴려 주면 달걀노른자가 중심에 정직하게 위치합니다.

2 삶은 달걀의 껍데기를 바로 벗기지 않고 찬물에 5분 정도 담가 두고 식혀서 사용하기 직전에 껍질을 깝니다. 칼로 흰자와 노른자를 분리한 뒤, 흰자는 다지듯이 작게 잘라주고 노른자는 고운 체를 이용해서 으깹니다.

3 블랙 올리브 6개(17g)를 곱게 다지듯이 잘라서 준비합니다. 그린 올리브는 약간의 신맛이 있지만 그 점을 감안한다면 블랙 올리브 대신 같은 양을 사용해도 괜찮습니다. 또한, 올리브 대신 같은 양의 피클이나 치자 단무지를 곱게 다져서 사용하셔도 좋습니다.

4 케이퍼 1과 1/2스푼(17g)을 다지고 면 보자기로 물기를 꾹 짭니다. 케이퍼가 없으면 생략하셔도 좋습니다. 케이퍼가 들어가면 활어회 소스로도 응용이 가능합니다. 양파 중간 크기 1개(150g)를 곱게 다져서 4~5분 정도 찬물에 담가 매운맛을 제거합니다. 채로 걸러서 물기를 빼고 면모에 싸서 꾹꾹 눌러 물기를 완전히 제거해야 합니다.

5 레몬 껍질(제스트) 1스푼(10g)과 레몬주스 4스푼(24g) 그리고 후춧가루 1/2티스푼 (0.2g)을 넣습니다. 저는 갈아서 쓰는 후추인 블랙 페퍼 홀을 사용했습니다.

6 마요네즈 5스푼(85g), 건조된 파슬리 1/2티스푼(0.1g), 설탕 1스푼(10g)을 준비해서 잘 혼합한 후 소스를 마무리합니다.

만들고 난 이후

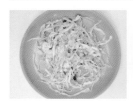  

이 소스는 빵(토스트, 햄버거)의 속 재료에 사용되는 소스로 활용하려고 걸쭉하게 만들 었습니다. 간식으로 토스트나 햄버거를 만들 때 이 소스를 활용하시면 좋을 듯합니다. 달걀이 들어갔기 때문에 곧바로 섭취하셔야 합니다. 남은 소스는 소독한 밀폐 용기에 담 아 냉장 상태에서 2~3일 정도 보관 가능합니다.

4부

소스 하나로
떠나는
세계 일주

한남동 레스토랑에서 나오는
새우젓 타프나드

바게트 베이글 크래커 등에 찍어 먹는 에피타이저용으로 활용 가능합니다.

☕ 소스 이야기

바게트, 베이글, 크래커…… 이제는 우리에게 익숙하고 맛있는 빵들입니다. 이 빵들은 그냥 먹어도 맛있는데 만들기도 쉽고 맛도 일품인 프랑스식 만능 소스 '타프나드'가 곁들여지면 맛이 곱절이 됩니다. 아마 가격대가 있는 양식집에 가보신 분이라면 식전 빵과 같이 나오는 걸 드셔보신 적이 있을 것입니다.

이 소스의 시그니처 재료는 새우젓입니다. 프랑스 요리에서 만능 소스로 활용되는 타프나드를 제 방식대로 해석하여 우리 국민 소스인 새우젓을 넣고 응용해 보겠습니다.

🍴 재료 소개 3회분/1회당 50g 기준

- □ 블랙 올리브 14개(35g)
- □ 케이퍼 1과 1/2스푼(17g)
- □ 레몬즙 2스푼(12g)
- □ 마늘 1쪽(7g)
- □ 건조된 파슬리 1/2티스푼(0.1g)
- □ 후춧가루 1/2티스푼(0.2g)
- □ 올리브오일 1/2컵(60g)
- □ 새우젓 1스푼(16g)

🍲 영양소 분석 50g 기준

열량 204kcal

단백질 6kcal

탄수화물 8kcal(식이섬유 0g, 당류 0g)

지방 190kcal(포화 지방 3g, 트랜스 지방 0g)

나트륨 230mg

조리 방법

1 블랙 올리브 14개(35g), 케이퍼 1과 1/2스푼(17g), 레몬즙 2스푼(12g), 마늘 1쪽(7g)을 준비합니다. 레몬즙이 없으면 애플 사이다 식초 혹은 식초를 사용하시기 바랍니다.

2 건조된 파슬리 1/2티스푼(0.1g)과 후춧가루 1/2티스푼(0.2g) 그리고 올리브오일 1/2컵 (60g)과 새우젓 1스푼(16g)을 넣습니다.

3 모든 재료를 핸드 믹서나 분쇄기로 곱게 분쇄하면 완성입니다.

만들고 난 이후

이렇게 만들어진 새우젓 타프나드 소스는 올리브오일 1/2컵(60g)을 넣고 만들어서 흐름성이 좋기 때문에 찍먹 소스로 적합합니다. 새콤하고 짭조름하고 익숙한 맛을 생각하시면 됩니다.

사용하고 남은 소스는 최대한 빨리 섭취하셔야 하며 남은 소스는 소독한 밀폐 용기에 담아 냉장 상태에서 3~4일 정도 보관 가능합니다. 참고로 올리브오일을 60g 넣는 대신 25g 정도를 넣으면 소스가 되직하고 꾸덕꾸덕해서 수프레드나 잼처럼 발라서 먹기가 좋습니다.

돈가스와는 다른 별미

슈니첼 소스

슈니첼　튀김류 음식　돈가스　등에 활용 가능합니다.

🍲 소스 이야기

25~26여 년 전 저는 독일 밤베르크에 있는 사업 파트너의 집에 초대를 받은 적이 있습니다. 그때 상에 나온 것이 슈니첼(Schnitzel)이었는데, 한국의 바삭한 돈가스와는 다르게 쫄깃쫄깃한 식감에 반해버리고 말았습니다. 한국에 돌아와서 전문점을 찾아봤지만 그 당시에는 슈니첼을 취급하는 곳이 없었습니다. 다행히 지금은 많은 전문점에서 판매하는 듯합니다.

슈니첼은 돈가스와 다릅니다. 슈니첼은 빵가루를 코팅해서 구워 만들고(부침개처럼 부칩니다) 돈가스는 튀겨서 만드는 차이가 있습니다. 동유럽, 서유럽, 독일에 갈 때마다 꾸준하게 먹어 봤는데, 독일 슈니첼과 오스트리아 슈니첼은 또 다른 맛이고, 한국의 슈니첼은 전혀 다른 맛이었습니다.

원래 슈니첼은 딱히 소스와 함께 먹는 음식이 아닙니다. 그런데 사업 파트너가 한국 사람이 온다고 해서 양파, 마늘을 넣고 슈니첼 소스를 만들어 주었습니다. 굳이 비슷한 맛을 꼽자면 건더기 있는 돈가스 소스였는데, 그때 그 맛을 잊을 수가 없어서 간혹 집에서 슈니첼과 건더기가 들어간 돈가스 소스를 만들어보곤 했습니다. 그게 바로 지금 만들 이 소스입니다.

🍴 재료 소개 5회분/1회당 50g 기준

- ☐ 다진 양파 2스푼(56g)
- ☐ 마늘 2쪽(14g)
- ☐ 큰 청양고추 1개(12g)
- ☐ 올리브오일 3스푼(15g)
- ☐ 토마토케첩 1컵(120g)
- ☐ 진간장 5스푼(25g)
- ☐ 설탕 5스푼(50g)
- ☐ 식초 1스푼(5g)

🍶 영양소 분석 50g 기준

열량 89kcal

단백질 4kcal

탄수화물 61kcal(식이섬유 1g, 설탕 13g)

지방 24kcal(트랜스 지방 0g, 포화 지방 0g)

나트륨 184mg

조리 방법

1 먼저 다진 양파 2스푼(56g)과 마늘 2쪽(14g) 그리고 큰 청양고추 1개(12g)를 곱게 다져서 준비합니다.

2 팬에 올리브오일 3스푼(15g)을 넣고 손질한 야채를 넣습니다. 센불에서 2분 정도 볶아줍니다.

3 케첩 1컵(120g)과 진간장 5스푼(25g) 그리고 설탕 5스푼(50g), 식초 1스푼(5g)을 준비합니다.

4 모든 재료를 잘 혼합한 후 볶아놓은 야채에 붓고 약한불에서 저으며 3분 정도 끓여주면 소스가 완성됩니다.

만들고 난 이후

이렇게 만든 슈니첼 소스의 맛은 야채가 골고루 씹혀서 씹는 맛이 있고 튀김의 느끼함을 잡아주는 단맛과 신맛이 납니다. 여러모로 찍먹 소스로 적당합니다. 소독한 밀폐 용기에 담아 냉장 상태에서 1개월 정도 보관 가능합니다. 한 번 맛보면 계속 찾게 될 맛이라 장담합니다.

팟타이 전문점의
나시고랭 소스

나시고랭 볶음밥 | 새우 볶음밥 | 볶음면 등에 활용 가능합니다.

🍲 소스 이야기

나시고랭은 인도네시아 볶음밥으로, 나시(Nasi)는 쌀, 고랭(Goreng)은 볶음밥을 의미합니다. 단맛, 짠맛, 매운맛이 적절하게 들어간 동남아 음식을 떠올리시면 바로 이 소스의 맛일 것입니다. 같은 회사에서 근무하고 있는 인도네시아 직원이 나시고랭 소스를 가정식으로 만드는 방법을 전수해 줘 제 방식대로 한국인의 입맛에 맞게 현지화를 시킬 수 있었습니다. 그 직원에게 제가 만든 소스를 시식시켰더니 Baiklah(좋아요)를 연발하더군요.

원래대로라면 인도네시아 음식은 흔한 식자재인 고수를 사용합니다. 이 소스에는 원료 중 호불호가 극명하게 갈리는 고수 대신에 조금 흔한 식자재인 바질을 사용했습니다. 고수를 뺀 대신 고춧가루와 설탕을 넣었는데 이런 부분이 제 방식대로 해석하여 로컬화한 부분입니다. 다만 넛맥은 반드시 들어가야 나시고랭의 풍미가 살아납니다. 이 점 참고하십시오.

🍴 재료 소개 4회분/1회당 50g 기준

- ☐ 올리브오일 1/3컵(40g)
- ☐ 마늘 5쪽(35g)
- ☐ 토마토케첩 1/2컵(60g)
- ☐ 하얀 설탕 2스푼(20g)
- ☐ 진간장 4스푼(20g)
- ☐ 굴 소스 4스푼(40g)
- ☐ 고춧가루 1스푼(4g)
- ☐ 카레 분말 4스푼(12g)
- ☐ 후춧가루 1티스푼(0.4g)
- ☐ 바질 1/2티스푼(0.2g)
- ☐ 넛맥 1/2티스푼(0.3g)

🏛 영양소 분석 50g 기준

열량 137kcal

단백질 6kcal

탄수화물 51kcal(식이섬유 2g, 당류 7g)

지방 80kcal(포화 지방 1g, 트랜스 지방 0g)

나트륨 380mg

조리 방법

1 팬에 올리브오일 1/3컵(40g)을 넣고 센불에서 달궈 줍니다. 팬이 달궈지면 다지듯이 작게
  자른 마늘 5쪽(35g)을 넣고 중간불에서 1분 미만, 노릇노릇해질 때까지 볶아 줍니다.

2 토마토케첩 1/2컵(60g)과 설탕 2스푼(20g), 진간장 4스푼(20g), 굴 소스 4스푼(40g)
  과 고춧가루 1스푼(4g), 카레 분말 4스푼(12g), 후춧가루 1티스푼(0.4g), 바질 1/2티스
  푼(0.2g), 넛맥 1/2티스푼(0.3g)을 혼합한 뒤 팬에 넣고 약한불에서 1분 정도 볶아 주면
  완성입니다.

보이는 알갱이는 마늘입니다. 곱게 분쇄하지 않아서 씹히는 알갱이며 소스에 물이 들어가지 않아 약간 되직합니다. 이렇게 만든 나시고랭 소스 맛은 굴 소스의 깊은 맛과 고춧가루의 약간 매운맛, 설탕의 단맛 그리고 간장의 짠맛을 이용했습니다. 만일 굴 알레르기가 있으시다면 굴 소스가 많이 들어가기니 절대 따라 하지 마십시오. 기존 인도네시아 정통 소스를 재해석해 보다 친숙한 맛이 납니다. 볶음밥, 볶음면 요리에 활용해 보세요. 소독한 밀폐 용기에 담아 냉장 상태에서 3개월 정도 보관 가능합니다.

인스타에서 유명한 동남아 식당의

땅콩버터 소스

훈제 오리구이 월남쌈 감자튀김 등과 활용 가능합니다.

🍲 소스 이야기

여러분은 영화관에 가서 음식을 먹는 편인가요, 아니면 먹지 않는 편인가요? 영화관에서 음식을 먹어보셨다면, '버터 오징어'라는 메뉴를 기억하실 겁니다. 이번에는 버터 오징어와 유사한 맛이 나는 땅콩버터 찍먹 소스를 만들어보겠습니다. 간단하게는 감자튀김이나 말린 오징어와 먹을 수 있고 오리 훈제 요리와도 잘 어울립니다. 특히, 월남쌈과 함께 먹으면 기막힌 맛이 납니다.

🍴 재료 소개 2회분/1회당 50g 기준

- ☐ 땅콩버터 크게 3스푼(45g)
- ☐ 마요네즈 2스푼(34g)
- ☐ 올리고당 3스푼(15g)
- ☐ 레몬즙 1스푼(6g)
- ☐ 진간장 1스푼(5g)
- ☐ 매실 액 2스푼(14g)
- ☐ 와사비 분말 1/2티스푼(1g)
- ☐ 머스터드 소스 1스푼(6g)

🗄 영양소 분석 50g 기준

열량 230kcal

단백질 17kcal

탄수화물 41kcal(식이섬유 1g, 당류 3g)

지방 172kcal(포화 지방 3g, 트랜스 지방 0g)

나트륨 108mg

조리 방법

1 땅콩버터 크게 3스푼(45g)을 준비합니다. 땅콩버터 소스 중 청키(Chunky)로 분류되는 상품은 땅콩 알맹이가 있고 크리미(Creamy)로 분류되는 상품은 땅콩 알맹이가 없습니다. 땅콩이 씹히는 식감을 원하시면 청키를 구입하시기 바랍니다. 저는 크리미를 준비했습니다.

2 마요네즈 2스푼(34g)과 올리고당 3스푼(15g) 그리고 레몬즙 1스푼(6g)을 준비합니다. 레몬즙이 없으면 식초를 사용해도 됩니다. 진간장 1스푼(5g) 그리고 매실 액 2스푼(14g)과 와사비 분말 1/2티스푼(1g)을 넣어 주세요. 와사비 분말이 아닌 생 와사비를 넣으시려면 1스푼(10g)을 넣으시기를 바랍니다. 머스터드 소스 1스푼(6g)을 추가로 넣고 모든 재료를 잘 혼합한 후 소스를 마무리하시기 바랍니다.

 유의사항 땅콩기름, 마요네즈 그리고 액상 종류가 들어가기 때문에 시판 소스 공장에서는 유분리(기름과 물의 분리) 현상을 막기 위하여 유화제 혹은 안정제 등을 사용합니다. 하지만 가정에서는 그런 첨가물도 구하기 힘들 뿐 아니라 굳이 넣을 필요가 없어서 시판 제품과 겉보기에 조금 차이가 있을 수 있습니다. 이런 유분리 현상이 불편하시면 모든 재료를 핸드 믹서로 아주 곱게 혼합하시면 더욱더 안정된 비주얼의 소스가 만들어집니다.

🍽 만들고 난 이후

 땅콩을 좋아하는 사람들을 위해 땅콩버터를 과감하게 사용했습니다. 그랬더니 더욱 고소한 땅콩의 풍미가 느껴집니다. 이 소스는 와사비 분말을 사용해서 마지막에 약간 쓴맛이 올라오는 특징이 있습니다. 이런 쓴맛은 땅콩버터 특유의 느끼한 맛을 잡아주는 역할을 합니다. 혹시라도 발효된 겨자가 집에 있다면 와사비 분말 대용으로 같은 양을 사용해주시면 좋습니다. 소독한 밀폐 용기에 담아 냉장 상태에서 1개월 보관 가능합니다.

이태원 그 타코집보다 맛있는

살사 소스

퀘사디아   바게트   타코   등에 활용 가능합니다.

소스 이야기

한국에서 '살사 소스'라 불리는 살사(Salsa)를 만들어보겠습니다. 사실 스페인어로 살사는 그냥 '소스'라는 뜻이며, 아시는 분들은 아시겠지만, 멕시코 요리 등에 쓰이는 매콤한 소스, 타코, 부리또 등에 넣어 먹는 소스를 전반적으로 살사라고 합니다. 붉은색 소스라는 살사 로하(Salsa roja)가 일반적으로 살사라 불리고 그 외에도 초록색의 살사 베르데(Salsa verde) 등이 알려져 있습니다. 살사 로하를 익히고 분쇄하면 살사 코시다(Salsa cocida)라고 하는데 저는 익히고 분쇄한 살사를 만들어 보겠습니다.

재료 소개 10회분/1회당 50g 기준

- □ 올리브오일 3스푼(15g)
- □ 소고기 다짐육 1/2팩(88g)
- □ 후춧가루 1/2티스푼(0.2g)
- □ 정향(클로브) 1/3티스푼(0.1g)
- □ 양파 작은 크기 1개(44g)
- □ 파프리카 1/4개(49g)
- □ 토마토 중간크기 1개(178g)
- □ 할라피뇨 2개(15g)
- □ 레몬즙 2스푼(12g)
- □ 소금 1/2티스푼(1g)
- □ 칠리 소스 2스푼(20g)
- □ 물 1/2컵(80g)

영양소 분석 50g 기준

열량 46kcal

단백질 10kcal

탄수화물 15kcal(식이섬유 2g, 당류 1g)

지방 21kcal(포화 지방 0g, 트랜스 지방 0g)

나트륨 73mg

조리 방법

1 팬에 올리브오일 3스푼(15g)을 넣고 센불에서 달궈 준 후 팬이 달궈지면 준비한 소고
   기 다짐육 1/2팩(88g)을 넣고 볶아 주면서 후춧가루 1/2티스푼(0.2g)과 정향(클로브)
   분말 1/3티스푼(0.1g)을 함께 볶아 줍니다. 만일 정향(클로브) 분말이 없으면 후추만 넣
   으셔도 상관없습니다.

2 소고기 다짐육을 볶아 주면서 소고기가 반 정도 익으면 준비한 양파 작은 크기 1개
   (44g)를 넣고 30초 정도 볶아서 준비합니다.

3 파프리카 1/4개(42g)를 깍뚝썰어서 따로 준비하고 토마토 중간 크기 1개(178g)의 씨를 발라내고 깍둑썰기해서 준비합니다.

4 할라피뇨 2개(15g)와 소금 1/2스푼(1g)을 준비한 야채에 넣습니다. 할라피뇨가 없으면 큰 청양고추 1개(12g)를 사용해도 문제없습니다. 레몬즙 2스푼(12g)도 넣습니다. 레몬 즙이 없으면 식초를 사용하십시면 됩니다. 마지막으로 칠리 소스 2스푼(21g)과 물 1/2 컵(80g)을 넣습니다.

5 준비한 토마토, 파프리카, 할라피뇨와 위에서 볶아놓은 고기를 혼합해서 중간불에서 5 분 정도 끓여 줍니다. 귀찮으신 분들은 이 상태로 식빵이나 또띠아와 함께 드셔도 되지 만, 찍먹 소스로 활용하기에는 너무 건더기가 많기 때문에 되도록 분쇄를 해주시는 게 좋습니다. 저는 핸드 믹서로 내용물을 곱게 분쇄하여 소스를 마무리했습니다.

새콤함과 매콤함이 느껴지는 소스입니다. 청양고추를 사용한 살사와 할라피뇨를 사용한 살사 소스의 맛은 비슷합니다. 다만 맵기는 청양고추를 사용한 살사 소스가 조금 더 맵습니다. 청양고추는 입에 넣자마자 곧바로 매운맛이 느껴지지만 할라피뇨는 서서히 매운맛이 느껴지기 는 게 특징입니다 이 소스는 퀘사디아, 나초 같은 멕시코 요리와 잘 어울리고 토스트에 써도 좋습니다. 분쇄하기 전에는 소스가 입속에서 각자 놀았는데 분쇄한 소스를 찍어 먹어보니 더 깊은 맛이 납니다. 갈아서 시식하시기를 추천합니다. 소독한 밀폐 용기에 담아 냉장 상태에서 3일 보관 가능합니다.

- 살사의 맛은 타코나 나초와 버무러질 때 살아납니다. 하지만 제가 먹은 것처럼 식빵에 찍어서 먹어도 맛을 충분히 느낄 수 있으니 참고하시길 바랍니다.

으깬 마늘의 풍미를 느끼고 싶다면

아이올리 소스

피자 수제 햄버거 지중해식 생선요리 등에 활용 가능합니다.

🍲 소스 이야기

저는 피자, 치킨, 생선 음식을 만들 때 어울리는 소스를 추천하라면 아이올리 소스를 추천하겠습니다. 으깬 마늘의 깊은 풍미를 느끼고자 할 때 회사에서 간혹 만들어 활용하고 있습니다. 한국에서는 이를 종종 '갈릭 디핑 소스'로 칭하는데, 만드는 방식이 전혀 다릅니다.

이번에는 카탈루냐어로 '마늘과 오일'을 의미하는 아이올리 소스를 제 방식대로 해석해 보겠습니다. 궁극적으로는 알리신 성분이 나온 구운 마늘을 으깬 듯한 질감을 내려고 합니다.

 재료 소개 2회분/1회당 50g 기준

□ 마늘 1쪽(7g)

□ 올리브오일 1스푼(5g)

□ 파마산치즈 1스푼(2g)

□ 마요네즈 1스푼(17g)

□ 설탕 1스푼(10g)

□ 화이트와인 식초 2스푼(10g)

□ 후춧가루 1/2티스푼(0.2g)

□ 작은 그릭요거트 1통(75g)

□ 소금 1/2티스푼(1g)

□ 건파슬리 후레이크 1/2티스푼(0.1g)

 영양소 분석 50g 기준

열량 112kcal

단백질 10kcal

탄수화물 23kcal(식이섬유 0g, 당류 5g)

지방 79kcal(포화 지방 2g, 트랜스 지방 0g)

나트륨 115mg

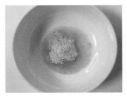 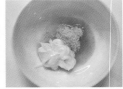 

1 마늘 1쪽(7g)을 다지지 않고 으깨서 준비하고 여기에 올리브오일 1스푼(5g)과 파마산 치즈 1티스푼(2g) 그리고 마요네즈 1스푼(17g)을 넣습니다.

2 설탕 1스푼(10g)을 준비합니다. 저는 갈색 설탕을 사용했는데 비주얼이 나쁘지 않습니다. 하얀 설탕도 문제없습니다.

3 화이트와인 식초 2스푼(10g)과 작은 그릭요거트 1통(75g)을 준비합니다. 소금 1/2티스푼(1g) 그리고 후춧가루 1/2티스푼(0.2g)을 준비합니다. 여기에 건파슬리 후레이크 1/2 티스푼(0.2g)을 준비합니다.

4 모든 재료가 잘 혼합되도록 섞어주고 소스를 마무리합니다.

🍽 만들고 난 이후

얼핏 보면 타르타르 소스와 색감은 비슷한데, 들어가는 내용물과 만드는 방식이 다릅니다. 깊은 마늘 풍미를 느껴보세요. 칼칼한 매콤함을 좋아하시면 청양고추 1개를 곱게 다져서 사용하시면 더 깔끔한 맛이 납니다. 소스는 소독한 밀폐 용기에 담아 냉장 상태에서 1개월 정도 보관이 가능합니다.

옆집 호식이가 극찬한
타코마요 소스

치킨 감자튀김 나초 등과 활용 가능합니다.

소스 이야기

이번에 다룰 소스는 다양한 특성과 응용성을 가진 타코마요 소스입니다. 여러분들이 집에 가지고 있는 여러 종류의 허브를 사용해서 만들 예정인데, 혹시 레시피에 적힌 허브가 집에 없으면 대부분은 과감하게 생략하셔도 됩니다. 튀김에 너무도 잘 어울리는 타코마요 소스를 제 방식대로 맛있게 만들어보고 소개하겠습니다.

재료 소개 3회분/1회당 50g 기준

- ☐ 토마토 페이스트 7스푼(70g)
- ☐ 소금 1/2티스푼(1g)
- ☐ 후춧가루 1/2티스푼(0.2g)
- ☐ 식초 6스푼(30g)
- ☐ 고운 고춧가루 1스푼(4g)
- ☐ 큐민 1/2티스푼(0.2g)
- ☐ 마늘 분말 1티스푼(4g)
- ☐ 양파 분말 2티스푼(6g)
- ☐ 마요네즈 3스푼(51g)

영양소 분석 50g 기준

열량 139kcal

단백질 6kcal

탄수화물 27kcal(식이섬유 2g, 당류 3g)

지방 106kcal(포화 지방 2g, 트랜스 지방 0g)

나트륨 292mg

조리 방법

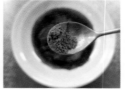

1 토마토 페이스트 7스푼(70g)과 소금 1/2티스푼(1g), 후춧가루 1/2티스푼(0.2g)과 식초 6스푼(30g)을 준비합니다.

2 고운 고춧가루 1스푼(4g)과 큐민 1/2티스푼(0.2g)을 준비합니다. 마늘 분말 1티스푼 (4g)과 양파 분말 2티스푼(6g)을 준비합니다. 양파와 마늘 분말이 없으면 같은 양의 마늘과 양파를 곱게 갈아서 사용합니다.

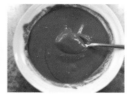

3 마요네즈 3스푼(51g)을 넣습니다. 그리고 모든 재료를 잘 혼합한 후 타코마요 소스를 마무리합니다.

매콤한 고춧가루를 사용했기 때문에 이번에 오늘 만든 소스는 조금 맵습니다. 조금 더 강렬한 매운맛 맛을 원하시면 청양고추와 베트남 고추를 혼합해서 사용하시면 됩니다. 그리고 넛맥이나 큐민 외에 본인이 가진 허브나 선호하는 다른 허브가 있으면 그걸 사용하시면 됩니다.

레시피를 보시면 식초를 조금 많이 사용한 편이라 소스 맛이 새콤합니다. 저는 애플 사이다 식초를 사용해서 사과 향이 강하고 더 새콤합니다. 튀김(치킨)과 감자 칩을 찍어 먹었는데 치킨에 더 잘 어울립니다. 타코마요 소스는 소독한 밀폐 용기에 담아 냉장 상태에서 1개월 정도 보관 가능합니다.

비건도 안심하고 먹을 수 있는
로우 타히니 소스

샐러드 통밀빵 병아리콩 요리 등에 활용 가능합니다.

🍲 소스 이야기

이번에는 참깨와 올리브오일만 사용해서 로우 타히니(Raw tahini)소스를 만들겠습니다. 이 소스는 중동에서 탄생한 소스인데, 지금은 아시아, 유럽 등의 지역에서 로컬화되어 각자 자신의 스타일대로 레시피를 만들어 사용합니다. 육류가 들어가지 않으니 채식에 관심이 있거나 비건이신 분들도 한 번 만들어보시는 것을 추천합니다.

🍴 재료 소개

로우 타히니 소스 1회분/1회당 50g 기준
☐ 볶음참깨 4스푼(26g)
☐ 올리브오일 6스푼(30g)

샐러드 드레싱 1회분/1회당 50g 기준
☐ 로우 타히니 2스푼(10g)
☐ 레몬즙 1스푼(6g)
☐ 마늘 1쪽(7g)
☐ 소금 1/2티스푼(1g)
☐ 올리브오일 1스푼(5g)
☐ 발사믹 식초 1스푼(6g)

📇 영양소 분석

로우 타히니 소스 50g 기준
열량 367kcal
단백질 16kcal
탄수화물 22kcal(식이섬유 3g, 당류 0g)
지방 329kcal(포화 지방 5g, 트랜스 지방 0g)
나트륨 3mg

샐러드 드레싱 50g 기준
열량 166kcal
단백질 12kcal
탄수화물 26kcal(식이섬유2g, 당류0g)
지방 128kcal(포화 지방 2g, 트랜스 지방 0g)
나트륨 113mg

 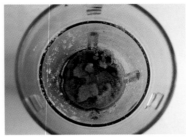

1 볶음참깨 4스푼(26g)을 준비합니다. 준비한 볶음참깨를 핸드 믹서나 믹서기로 곱게 분쇄합니다.

2 깨를 분쇄한 후 올리브오일 6스푼(30g)을 준비해서, 참깨와 같이 믹서기로 분쇄하고 소스를 마무리합니다. 이렇게 만들어진 로우 타히니 소스는 침샘을 자극할 정도로 고소합니다. 이 상태에서 레몬즙이나 발사믹 식초를 넣으면 샐러드 드레싱이 됩니다. 소독한 밀폐 용기에 담아 냉장 상태에서 2주 정도 보관 가능합니다.

3 여기에서 끝을 내도 되지만, 응용하여 샐러드 드레싱을 만들어보고자 합니다. 로우 타
히니 소스 2스푼(10g), 레몬즙 1스푼(6g), 마늘 1쪽 다진 것(7g), 소금 1/2티스푼(1g), 올
리브오일 1스푼(5g), 발사믹 식초 1스푼(6g)을 모두 혼합합니다. 참깨 향이 근사한 로우
타히니 소스에 레몬즙과 발사믹 소스를 넣어 샐러드 드레싱으로 만들었습니다. 새콤한
맛인데 달콤함이 필요하면 꿀이나 올리고당 혹은 메이플시럽을 기호에 맞게 넣으셔도
됩니다. 이렇게 만들어진 샐러드 드레싱은 소독한 밀폐 용기에 담아 냉장 상태에서 최
대 5일 보관 가능합니다.

만들고 난 이후

볶음참깨는 고소함이 진하고 올리브오일과 잘 어울립니다. 사실 참깨나 올리브오일은 독자적으로 하나의 독립된 식재료로서 자신의 역할을 충분하게 잘합니다. 빵을 찍어 먹는 디핑용 소스로 활용하거나, 구운 고기 혹은 생선요리에도 잘 어울리고 샐러드 드레싱, 병아리콩 요리로도 많이 활용됩니다. 육식을 좋아하지 않는 분들에게 도움이 될만한 소스이며 견과류 등을 섞거나 올리브오일, 물을 추가하여 응용하기도 합니다.

• 굳이 비건이 아니더라도 이 소스는 한 번 만들어 보시는 것을 추천합니다. 건강하고 맛있는 한 끼를 즐기실 수 있으실 겁니다.

5부

메인 요리
뚝딱 만드는
궁극의 소스

소주 한 잔에 막창 한 점,
퓨전 막창 소스

곱창 막창 대창 에 활용할 수 있습니다.

🍲 소스 이야기

얼마 전 외국 여행을 하던 중 한국 음식 전문점을 보았습니다. 반가운 마음에 음식점에 들어갔는데, 막창을 취급하고 있었습니다. 외국에서 먹는 막창의 맛은 어떨까 궁금하여 가게에 들어가 주문을 했는데, 막창 자체의 퀄리티도 괜찮았지만 무엇보다 막창에 쓰인 소스의 퀄리티가 훌륭했습니다. 너무 전통적인 느낌은 아니었고, 딱 젊은 사람들이 좋아할 것 같은 퓨전 막창 소스였습니다. 이번에는 비슷한 느낌의 막창 소스를 맛있게 만들어보겠습니다.

🍴 재료 소개 3회분/1회당 50g 기준

- ☐ 쌈장 5스푼(100g)
- ☐ 머스터드 소스 1/2스푼(4g)
- ☐ 하얀 설탕 2스푼(20g)
- ☐ 발사믹 식초 4스푼(24g)
- ☐ 화이트와인 식초 4스푼(20g)
- ☐ 마늘 2쪽(14g)
- ☐ 큰 청양고추 1개(12g)
- ☐ 다진 대파 1스푼(10g)
- ☐ 올리브오일 2스푼(10g)
- ☐ 후춧가루 1/2티스푼(0.2g)

📇 영양소 분석 50g 기준

열량 82kcal

단백질 8kcal

탄수화물 44kcal(식이섬유 1g, 당류 7g)

지방 30kcal(포화 지방 0g, 트랜스 지방 0g)

나트륨 494mg

조리 방법

1 쌈장 5스푼(100g), 하얀 설탕 2스푼(20g), 발사믹 식초 4스푼(24g)과 화이트와인 식초 4스푼(16g)을 준비합니다. 저는 하얀 설탕을 사용했지만 같은 무게의 갈색 설탕을 사용하셔도 무방합니다.

2 머스터드 소스 1/2스푼(4g)을 넣습니다. 머스타드 소스는 톡 쏘는 맛 때문에 넣는 것도 맞지만 기름과 물이 분리되는 현상을 잡아주는 유화제로 사용한다고 보시면 됩니다.

3 마늘 2쪽(14g)을 다져서 넣습니다. 여기에 추가로 큰 청양고추 1개(12g) 그리고 다진 대파 1스푼(10g)을 넣고 올리브오일 2스푼(10g)과 후춧가루 1/2티스푼(0.2g)도 넣어 줍니다.

4 모든 재료가 잘 섞이도록 저어 준 후 소스를 마무리합니다. 소스가 조금 묽습니다.

대구의 유명한 막창집에서 먹어 본 막창 소스에는 콩가루가 조금 들어있었습니다. 심지어 콩가루를 따로 제공하길래 막창을 찍어 먹었던 기억이 납니다. 블로그나 SNS를 보면 맛집 소스를 카피한다고 콩가루 대신 땅콩가루나 다른 견과류를 갈아서 넣는데 맛에서 차이가 있습니다.

처음 막창 소스를 만든 사람의 생각이 정확하게 무엇이었는지는 알 수 없지만, 제 생각에 콩가루가 견과류 중 쌈장 소스와 가장 잘 어울리기 때문에 콩가루를 사용했을 것입니다. 시험 삼아 제가 땅콩이나 아몬드 등 다른 견과류 분말을 갈아서 만들어보니 맛이 너무 강하고 막창과 소스, 견과류 등이 조화가 되지 않았습니다.

소스를 먹어보니 잡내도 없고 소스 맛이 입안을 감싸는 느낌이 듭니다. 소독한 밀폐 용기에 담아 냉장 상태에서 1개월 정도 보관 가능합니다.

인도 현지인 요리사도 반한

탄두리 마살라

탄두리 치킨 두부 연어 요리 등에 활용 가능합니다.

🍲 소스 이야기

이번에는 고춧가루와 향신료 그리고 카레 분말을 혼합해서 닭에 골고루 발라 화덕(Tandor, 탄두르)에 구워 먹는 탄두리 치킨과 소스를 소개하고자 합니다. 사실 이번 음식은 이름처럼 화덕에 구워야 탄두리 치킨이라 할 수 있는데 제 방식대로 해석하여 화덕 대신 전기오븐에 구워서 만들어보겠습니다. 참고로, 탄두리 치킨에 베이스 양념으로 사용되는 탄두리 마살라(양념)는 요리사의 취향에 맞게 만든 양념이기 때문에 시판용 가람 마살라*를 사서 사용하시면 여러분이 원하지 않는 향신료 향 때문에 호불호가 갈릴 수 있습니다. 그러니 아래에서 소개할 여러 향신료 대신에 여러분이 좋아하는 향신료만 넣으시기 바랍니다.

🍴 재료 소개

탄두리 마살라 1회분/1회당 17g 기준
- ☐ 큐민 분말 3티스푼(1.2g)
- ☐ 고운 고춧가루 2스푼(8g)
- ☐ 카레 분말 1스푼(3g)
- ☐ 생강 분말 1/2티스푼(2g)
- ☐ 마늘 분말 1/2티스푼(2g)
- ☐ 소금 1과 1/2티스푼(3g)
- ☐ 후춧가루 1티스푼(0.4g)
- ☐ 넛맥 분말 1티스푼(0.6g)
- ☐ 오레가노 분말 1티스푼(0.6g)

탄두리 치킨 6회분/1회당 50g 기준
- ☐ 탄두리 마살라 2스푼(17g)
- ☐ 올리브오일 3스푼(15g)
- ☐ 바질 분말 1/2티스푼(0.2g)
- ☐ 카레 분말 4스푼(12g)
- ☐ 플레인요거트 1통(75g)
- ☐ 뼈 없는 닭 다리 2개(200g)

---

* 인도식 배합 향신료인 마살라의 일종. 매운맛이 특징이다.

영양소 분석

탄두리 마살라 17g 기준

열량 301kcal

단백질 18kcal

탄수화물 120kcal(식이섬유 15g, 당류 2g)

지방 163kcal(포화 지방 13g, 트랜스 지방 0g)

나트륨 200mg

탄두리 치킨 50g 기준

열량 107kcal

단백질 23kcal

탄수화물 14kcal(식이섬유 2g, 당류 1g)

지방 70kcal(포화 지방2g, 트랜스 지방 0g)

나트륨 35mg

 조리 방법

1 큐민 분말 3티스푼(1.2g)과 고운 고춧가루 2스푼(8g), 카레 분말 1스푼(3g), 생강 분말
1/2티스푼(2g) 그리고 마늘 분말 1/2티스푼(2g), 소금 1과 1/2티스푼(3g), 후춧가루 1
티스푼(0.4g), 넛맥 분말 1티스푼(0.6g), 오레가노 분말 1티스푼(0.6g)을 준비해서 고운
체로 걸러 탄두리 마살라(양념)를 마무리합니다. 위의 향신료 중에서 구할 수 없거나
향이 강한 향신료는 사용하지 않으셔도 됩니다. 나만의 탄두리 마살라를 만들어 사용
하시기 바랍니다. 제가 만든 탄두리 마살라는 아주 맵지는 않습니다.

2 카레 분말 4스푼(12g)과 만들어 놓은 탄두리 마살라 2스푼(17g)을 준비합니다. 그리고 올리브오일 3스푼(15g)과 바질 분말 1/2티스푼(0.2g), 플레인요거트 1통(75g)을 준비해서 잘 혼합합니다.

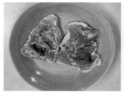  

3 뼈 없는 닭 다리 2개(약 200g)의 핏물과 잡냄새를 제거하기 위하여 찬물에 10분 정도 담가 놓습니다. 찬물에 담가 놓은 닭은 흐르는 물에 한두 번 헹구어 주고, 키친타월을 펼친 뒤 위에 올려놓아 물기를 제거합니다. 물기를 제거한 닭을 소금 절임과 양념이 골고루 섞이고 가열 시 균일하게 잘 익을 수 있도록 부분육별로 칼집을 냅니다. 그 뒤, 필요없는 지방은 제거하고 소금과 후추를 뿌려서 밑간을 합니다.

4 2번에서 만들어 놓은 탄두리 소스를 골고루 발라서 오븐 팬에 종이 호일을 깔고 오븐에 넣어 200°C에서 30분간 구이를 하면서 앞뒤로 뒤집어 골고루 익혀 줍니다.

5 완성된 탄두리 치킨입니다. 오븐에 구운 닭고기의 특성상 기름기가 다 빠져서 퍽퍽할 만한데, 유산균이 들어간 마리네이드 덕분에 잠깐이지만 숙성을 해서 매콤하고 부드럽습니다.

이렇게 만들어진 탄두리 치킨에 들어가는 오레가노 분말 그리고 넛맥 분말은 동남아 음식에서는 빠질 수 없는 향신료지만 한국 사람들에게는 아직도 호불호가 갈리는 향신료입니다. 마트에서 판매하는 탄두리 마살라 혹은 가람 마살라는 향이 무척 강해서 여러분들이 사용하시기에는 버거울 정도입니다.

제 생각에 탄두리 마살라 만들기에는 특별한 공식이 없습니다. 내가 좋아하는 향신료만 넣어서 만들면 됩니다. 따라서 오레가노나 넛맥 분말은 넣지 않아도 카레 분말과 내가 좋아하는 향신료만 들어가면 되지 않을까 하는 생각입니다. 탄두리 마살라는 치킨뿐만 아니라 두부, 연어 등을 꼬치로 만들어 이용할 수 있습니다. 탄두리 마살라를 묻힌 뒤 오븐에 구우면 또 하나의 탄두리 음식이 됩니다. 소독한 밀폐 용기에 담아 냉장 상태에서 3일 정도 보관이 가능합니다.

• 양파나 배추 같은 다른 채소들을 함께 놓고 먹으면 더욱 인도 느낌이 납니다. 특히 먹기 전에 레몬을 뿌리면 풍미와 맛이 모두 살아나니 참고 부탁드립니다.

엽기적으로 매운
떡볶이 소스

떡볶이 에 활용 가능합니다.

🍲 소스 이야기

오랫동안 떡볶이를 연구·개발했고 블로그에 70개가 넘는 떡볶이 레시피를 올려놨지만, 이번에는 그중에서도 특별한 떡볶이를 만들고자 합니다. 고추장은 전혀 들어가지 않고 오로지 고춧가루만 사용하여 칼칼하고 매콤한 떡볶이를 만들어보겠습니다.

고추장을 사용하면 고추장 내의 전분 성질 때문에 국물이 텁텁하다는 단점이 있고 고춧가루만 사용하면 텁텁함이 없는 대신 고춧가루 특유의 풋 냄새가 날 수 있습니다…… 같은 선입견을 품으셨으면 지금, 이 순간 싹 버리시면 됩니다. 떡볶이 육수의 포인트는 매운 식자재를 넣고 충분하게 끓여서 국물로 사용하는 것입니다. 여러분은 영혼 없이 그냥 따라하시기만 하면 됩니다. 단, 맵찔이 분들은 참으세요. 한참 물을 들이켜야 할 수도 있습니다. 그러면 지금부터 풋 냄새가 전혀 없는 고춧가루 떡볶이를 만들어 봅시다.

🍴 재료 소개

떡볶이 육수 1회분/1회당 370g 기준
- ☐ 페페론치노(혹은 베트남 고추) 15개 (5g)
- ☐ 큰 청양고추 1개(12g)
- ☐ 베트남 고춧가루 1티스푼(1g)
- ☐ 물 3컵(480g)
- ☐ 참치 액 4스푼(20g)
- ☐ 양파 작은 크기 1개(40g)
- ☐ 대파 1/3개(34g)
- ☐ 마늘 2쪽(14g)

떡볶이 소스 8회분/1회당 50g 기준
- ☐ 육수 2와 1/2컵(370g)
- ☐ 올리고당 6스푼(30g)
- ☐ 굴 소스 2스푼(20g)
- ☐ 진간장 2스푼(10g)

영양소 분석

떡볶이 육수 370g 기준

열량 56kcal

단백질 16kcal

탄수화물 30kcal(식이섬유 2g, 당류 2g)

지방 10kcal(포화 지방 0g, 트랜스 지방 0g)

나트륨 68mg

떡볶이 소스 50g 기준

열량 17kcal

단백질 1kcal

탄수화물 15kcal(식이섬유 0g, 당류 0g)

지방 1kcal(포화 지방 0g, 트랜스 지방 0g)

나트륨 71mg

 조리 방법

1 페페론치노(혹은 베트남 고추) 15개(5g)와 큰 청양고추 1개(12g) 그리고 세상에서 제일 매운 고춧가루(베트남 고춧가루) 1티스푼(1g), 물 3컵(480g), 참치 액 4스푼(20g), 양파 작은 크기 1개(40g), 대파 1/3개(34g), 마늘 2쪽(14g)을 준비합니다.

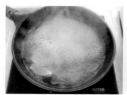

2 재료를 넣고 센불에서 4분 끓인 후 찌꺼기를 건져 내고, 매운 육수 국물만 사용합니다.
  500g의 물을 넣고 끓였는데 370g의 육수가 만들어졌습니다.

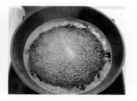

3 육수 2와 1/2컵(370g)과 올리고당 6스푼(30g), 굴 소스 2스푼(20g)을 육수에 넣습니
  다. 진간장 2스푼(10g)을 추가로 넣고 센불에서 끓입니다.
4 떡볶이 국물이 끓으면, 중간불에서 3~4분 더 끓이고 마무리합니다.

이 소스는 기본적으로 칼칼하고 매콤합니다. 고추장 떡볶이처럼 색이 아주 빨갛지 않음
에도 불구하고 생각보다 맵습니다. '빨간색이 아니니 안 맵겠지'라는 생각은 떡볶이를 입
에 넣는 순간 사라질 것입니다. 소독한 밀폐 용기에 담아 냉장 상태에서 15일간 보관 가
능합니다.

• 떡볶이는 대한민국 국민 간식인 만큼, 한 번은 만들어 보셨으면 합니다. 여러분이 집에서 만드실 때는 떡볶이에 계란이나 양배추를 넣어 보세요. 더욱 맛있는 식사가 될 것입니다.

피자 헛간의 그 맛 그대로

피자 소스

피자 또띠아 피자 파스타 등에 활용 가능합니다.

🍲 소스 이야기

여러분은 집에서 치킨이나 피자를 직접 만들어보신 적 있으신가요? 아마 대부분은 없을 겁니다. 너무 손이 많이 가기 때문일 것 같은데요, 사실 재료만 있으면 집에서 간단하게 피자 소스와 또띠아 피자를 만들 수 있습니다. 휴일에 맛있는 피자를 집에서 직접 만들어 먹어 봅시다.

🍴 재료 소개

피자 소스 5회분/1회당 50g 기준
☐ 양파 작은 크기 1개(40g)
☐ 마늘 1쪽(7g)
☐ 토마토 페이스트 4스푼(40g)
☐ 토마토 스파게티 소스 1컵(151g)
☐ 오레가노 분말 1티스푼(0.6g)
☐ 세이지 분말 1/2티스푼(0.5g)
☐ 소금 1/2티스푼(1g)
☐ 후춧가루 1티스푼(0.4g)
☐ 하얀 설탕 1스푼(10g)

또띠아 피자 50g 기준
☐ 또띠아 1장(62g)
☐ 직접 만든 피자 소스 1/2컵(100g)
☐ 체다 슬라이스 치즈 1장(18g)
☐ 닭가슴살 60g
☐ 모짜렐라 치즈 20g
☐ 피자 소스 40g

영양소 분석 50g 기준

피자 소스

열량 27kcal

단백질 3kcal

탄수화물 23kcal(식이섬유 1g, 당류 4g)

지방 1kcal(포화 지방 0g, 트랜스 지방 0g)

나트륨 206mg

또띠아 피자

열량 79kcal

단백질 17kcal

탄수화물 27kcal(식이섬유 1g, 당류 1g)

지방 35kcal(포화 지방 2g, 트랜스 지방 0g)

나트륨 136mg

 조리 방법

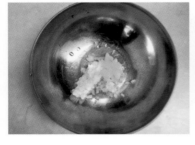 

1 양파 작은 크기 1개(40g)를 다져서 준비합니다. 마찬가지로 마늘 1쪽(7g)을 곱게 다져서 준비합니다.

2 토마토 페이스트 4스푼(40g)과 토마토 스파게티 소스 1컵(151g)을 준비된 채소에 넣습니다. 토마토 페이스트가 없으면 중간 크기 토마토 1개(120g) 정도를 곱게 다지고 케첩 크게 5스푼(100g)을 같이 넣어 사용하시면 됩니다.

3 오레가노 1티스푼(0.6g), 세이지 분말 1/2티스푼(0.5g)을 준비합니다. 여러분이 피자 매장에 가시거나 혹은 배달된 피자를 언박싱할 때 피자 냄새가 나는데 그 냄새가 바로 오레가노와 세이지가 결합된 냄새입니다. 만일 세이지나 오레가노 없으면 향이 달라질 수 있겠지만 우리에게 친근하게 다가오는 바질 사용을 적극적으로 권장합니다.

4 소금 1/2티스푼(1g)과 후춧가루 1티스푼(0.4g) 그리고 하얀 설탕 1스푼(10g)을 준비해서 잘 혼합한 후 소스를 마무리합니다.

만들고 난 이후

또띠아 1장(62g)을 준비해서 그 위에 방금 만들어진 피자 소스 1/2컵(100g)을 넓게 펴서 바릅니다. 넣고 싶은 야채와 닭가슴살(60g), 체다 슬라이스 치즈 1장(18g)을 적당한 크기로 잘라 올려주고, 모짜렐라 치즈(20g)를 토핑한 후 팬의 뚜껑을 덮고 약한불에서 6분 정도 익혀 줍니다. 피자가 익으면 약 2분간 180℃ 오븐에 구워 줍니다. 피자 소스는 소독한 밀폐 용기에 담아 냉장 상태에서 15일 정도 보관할 수 있습니다.

최고의 라면은 바로 여기에

수제라면 수프

수제라면 에 활용 가능합니다.

🍲 소스 이야기

오랫동안 회사에서 메뉴를 개발하다 보면 간혹 궁금할 때가 있습니다. 달고 짠 맛을 소비자들이 먼저 원해서 저희 같은 식품회사 개발자들이 만든 걸까요, 아니면 먼저 식품회사 개발자들이 달고 짠 맛의 음식을 만들어 소비자들이 좋아하는 걸까요? 정확하게는 알 수 없지만, 소비자들이 달고 짠 맛을 좋아하는 것은 기정사실인 듯합니다. 그런 이유로 식품을 만들 때 짜고 강렬한 맛을 내다 보면 한두 번이면 끝날 샘플 작업이 제 고집으로 많게는 20번까지 가기도 합니다. 이번에 소개할 라면 수프도 그런 과정을 거쳤습니다. 이번에는 아주 일반적이지만 그만큼 대중적으로 맛을 인정받은 라면 수프를 만들어보겠습니다.

재료 소개 9회분/1회당 12g 기준

- ☐ 쇠고기 다시다 4스푼(34g)
- ☐ 고춧가루 6스푼(24g)
- ☐ 소금 1스푼(17g)
- ☐ 마늘 분말 2티스푼(8g)
- ☐ 양파 분말 6티스푼(18g)
- ☐ 표고버섯 가루 2스푼(4g)
- ☐ 미원 1/2스푼(3g)
- ☐ 건새우 분말 1스푼(2g)
- ☐ 간장분말 1/2스푼(0.5g)
- ☐ 후춧가루 1티스푼(0.4g)

영양소 분석 12g 기준

열량 22kcal

단백질 5kcal

탄수화물 12kcal(식이섬유 1g, 당류 0g)

지방 5kcal(포화 지방 0g, 트랜스 지방 0g)

나트륨 119mg

1 쇠고기 다시다 4스푼(34g)을 준비합니다.

2 고운 고춧가루 6스푼(24g), 마늘 분말 2티스푼(8g)을 준비합니다.

3 양파 분말 6티스푼(18g)과 미원 1/2스푼(3g)을 준비합니다. 또한, 표고버섯 가루 2스푼 (4g)과 소금 1스푼(17g)을 준비합니다. 여기에 건새우 분말 1스푼(2g)과 간장 분말 1/2 스푼(0.5g)과 후춧가루 1티스푼(0.4g)을 넣어야 하지만 재료가 없으시다면 과감히 빼 셔도 좋습니다.

4 모든 재료를 잘 혼합한 후 라면수프 만들기를 마무리합니다. 소금 비중과 고춧가루, 양 파 분말의 비중이 다르기 때문에 분쇄기로 곱게 분쇄하는 게 좋습니다. 이렇게 사용하 면 더욱더 일관성 있는 깊은 맛을 낼 수 있습니다.

🍲 만들고난이후

사실 식품공장에서 만드는 라면 수프는 첨가물이 19~24가지 정도 들어갑니다만 집에서는 그런 첨가물을 구할 수 없으므로 될 수 있는 대로 집에 있는 원료들을 사용하려 했습니다. 제가 만들 때는 조금 욕심을 내서 그나마 구하기 쉬운 편인 새우 분말, 간장 분말을 사용했습니다. 소독한 밀폐 용기에 담아 상온에서 1년 정도 보관 가능합니다. 다만 사용 후 정확하게 밀봉하지 않으면 케이킹이 발생하여 2~3일밖에 보관할 수 없습니다.

처가에서 먹는 유명한
양념치킨 소스

치킨 닭볶음 요리 등에 활용 가능합니다.

🍲 소스 이야기

2015년 보도에 따르면, 우리나라에 있는 치킨집이 전 세계 맥도날드 매점 숫자보다 많다고 합니다. 심지어 계속해서 치킨집이 늘어나고 있다고 하죠. 이렇게 치킨 가게들이 너무 많다 보니 동네 어딜 가나 상권에는 치킨집이 한두 개씩은 꼭 있기 마련입니다. 정말이지 한국 사람들처럼 치킨을 좋아하는 나라는 지구상에 없을 듯합니다. 만약 있다면 미국 정도일 겁니다. 하늘의 별보다 치킨집이 많다지만 잘나가는 치킨 프랜차이즈에 따라 제공되는 소스는 천차만별입니다. 이번에는 가게에서 먹어본 듯한, 무난하고 활용성이 좋은 치킨 양념 소스를 만들어보겠습니다.

 재료 소개 9회분/1회당 50g 기준

- ☐ 물엿 1컵(200g)
- ☐ 토마토케첩 크게 2스푼(38g)
- ☐ 갈색 설탕 2스푼(20g)
- ☐ 고추장 크게 1스푼(27g)
- ☐ 쇠고기 다시다 1티스푼(2g)
- ☐ 마늘 3쪽(21g)
- ☐ 양파 작은 크기 1개(52g)
- ☐ 청양고추 중간 크기 1개(10g)
- ☐ 물 1/2컵(80g)

 영양소 분석 50g 기준

열량 105kcal

단백질 2kcal

탄수화물 102kcal(식이섬유 0g, 당류 3g)

지방 1kcal(포화 지방 0g, 트랜스 지방 0g)

나트륨 42mg

1 물엿 1컵(200g), 토마토케첩 크게 2스푼(38g)을 준비하고 갈색 설탕 2스푼(20g)을 준비합니다. 갈색 설탕 대신 하얀 설탕이나 흑설탕도 문제없습니다. 여기에 고추장 1스푼(27g)과 쇠고기 다시다 1티스푼(2g)을 준비합니다.

2 마늘 3쪽(21g), 양파 작은 크기 1개(52g)와 청양고추 중간 크기(10g) 1개 그리고 물 1/2컵(80g)을 준비합니다. 매운 걸 싫어하시면 청양고추를 빼거나 1/2개만 넣으시길 바랍니다.

3 모든 재료를 혼합한 후 핸드 믹서나 믹서기로 곱게 분쇄합니다. 분쇄된 재료를 센불에서 2분 정도 끓입니다. 소스가 펄펄 끓으면, 약한불로 줄이고 1분 정도 더 끓이면 소스가 걸쭉해집니다. 걸쭉해진 소스를 확인하고, 마무리합니다.

이렇게 만든 양념치킨 소스는 설탕이 100 정도의 단맛을 가지고 있다고 했을 때 40 정도의 단맛을 가지고 있습니다. 만일 단맛을 좋아하시면 물엿의 반절을 올리고당으로 넣으시기 바랍니다. 한입 먹어보면 어디서 많이 먹어 본 듯한 시골 양념치킨 맛입니다. 맛의 그 비결은 과감한 물엿과 마늘의 사용입니다. 저는 마늘을 곱게 갈았는데, 가는 대신 으깨서 넣으면 더욱더 깊은 소스의 풍미를 체험하실 수 있을 것입니다. 소스는 소독한 밀폐 용기에 담아 냉장 상태에서 15일 정도 보관이 가능합니다.

고급스러운 한 그릇 요리의 끝판왕

스테이크 덮밥 소스

스테이크 덮밥   닭고기 포케   등에 활용 가능합니다.

소스 이야기

포케(poke)는 참치, 연어, 문어, 새우 등 구하기 쉬운 재료들을 큼지막하게 깍둑썰기를 해서 열처리하지 않고 양념이나 조미료를 활용한 절임 과정을 거쳐 요리되는 미국식(하와이안) 덮밥입니다. 이번에는 포케 만드는 방법을 응용해서 소고기를 큐브 모양으로 자른 스테이크 덮밥과 소스를 만들어보고 여러분들에게 소개하겠습니다.

재료 소개

스테이크 덮밥 소스 1회분/1회당 50g 기준
- □ 발사믹 식초(혹은 레드와인 식초)
  4스푼(24g)
- □ 올리고당 4스푼(20g)
- □ 후춧가루 1/2티스푼(0.2g)
- □ 건조된 파슬리 1티스푼(0.2g)
- □ 청양고추 중간 크기 1개(10g)
- □ 진간장 5스푼(25g)
- □ 참기름 2스푼(10g)

스테이크 덮밥 210g 기준
- □ 스테이크용 소고기(목심 200g)
- □ 후춧가루 1스푼(4g)
- □ 올리브오일 4스푼(20g)
- □ 꽃소금 1/3스푼(2g)
- □ 현미 즉석밥(종류에 상관없음) 1개
  (210g)
- □ 새싹 어린잎 1팩(20g)
- □ 양파 속껍질 1개 (12g),

영양소 분석

스테이크 덮밥 소스 50g 기준

열량 121kcal

단백질 7kcal

탄수화물 57kcal(식이섬유 1g, 당류 3g)

지방 57kcal(포화 지방 1g, 트랜스 지방 0g)

나트륨 6mg

스테이크 덮밥 210g 기준

열량 331kcal

단백질 90kcal

탄수화물 118kcal(식이섬유 1g, 당류 0g)

지방 123kcal(포화 지방 3g, 트랜스 지방 0g)

나트륨 422mg

 조리 방법

1 발사믹 식초(혹은 레드와인 식초) 4스푼(24g)과 올리고당 4스푼(20g)을 준비합니다. 그리고 후춧가루 1/2티스푼(0.2g), 건조된 파슬리 1티스푼(0.2g), 청양고추 중간 크기 1개(10g), 진간장 5스푼(25g), 참기름 2스푼(10g)을 준비합니다.

2 준비된 청양고추의 배를 갈라서 씨와 식이섬유를 제거한 후 다지듯이 곱게 잘라서 준비합니다. 모든 재료를 완전하게 섞이도록 잘 혼합한 후 소스를 마무리합니다.

3 스테이크용 소고기(목심 200g)를 큐브 모양으로 자른 뒤, 후춧가루 1스푼(4g)과 꽃소
  금 1/3스푼(2g)을 앞뒤에 골고루 뿌려 밑간을 합니다. 그리고 10분을 기다려 줍니다.

4 올리브오일 4스푼(20g)을 팬에 넣고 중간불에서 달군 뒤 밑간한 큐브 스테이크를 레어
  정도로 살짝만 구워 줍니다, 혹시 웰던을 좋아하시면 완전하게 익혀 주시기 바랍니다.
5 1인분 밥(즉석밥 1개)을 준비합니다. 새싹 어린잎 1팩(20g), 양파 속껍질 1개(12g)를 채
  를 썰고 중간으로 익힌 큐브 스테이크와 세팅한 후 기호에 맞게 소스를 첨가하시면 끝
  입니다.

이 소스에는 올리브오일보다 참기름과 발사믹 식초를 쓰는 게 더 어울립니다. 만든 덮밥 소스는 소독한 밀폐 용기에 담아 냉장 상태에서 1개월 정도 보관 가능합니다.

• 스테이크 덮밥을 만들 때 취향에 따라 버섯이나 다른 채소를 올리는 경우도 있습니다.

이 점 참고하여 건강하고 즐거운 한 끼 되세요.

흥부 형님의
부대찌개 소스

부대찌개 에 활용 가능합니다.

🍲 소스 이야기

육가공품 생산회사에 입사하기 전에는 존슨탕(부대찌개)을 좋아해서 일부러 의정부까지 먹으러 간 적도 있었으나, 냉동식품 회사에서 오랜 기간 근무하면서 개발 중에 소시지, 햄, 등의 냉동육류를 많이 맛보고 섭취하다 보니 자연스레 부대찌개를 멀리하게 되었습니다. 그런데 오늘은 둘째 딸이 부대찌개를 먹고 싶다고 하여 오랜만에 집에서 부대찌개 소스와 부대찌개를 만들어 볼까 합니다.

🍴 재료 소개

부대찌개 소스 3회분/1회당 50g 기준
- ☐ 고추장 크게 1스푼(27g)
- ☐ 고춧가루 3스푼(12g)
- ☐ 진간장 5스푼(25g)
- ☐ 하얀 설탕 2스푼(20g)
- ☐ 참치 액 약 1과 1/2스푼(8g)
- ☐ 미원 1/2스푼(3g)
- ☐ 후춧가루 1/3스푼(1g)
- ☐ 표고버섯 분말 1스푼(3g)
- ☐ 마늘 4쪽(28g)
- ☐ 물 1/3컵(53g)

부대찌개 4회분/1회당 425g 기준
- ☐ 육수로 사용할 시판 사골곰탕 1봉지(350g)
- ☐ 물 1과 1/4컵(200g)
- ☐ 묵은김치 150g
- ☐ 대파 1/2개(35g)
- ☐ 스팸 1통(340g)
- ☐ 살라미 1/3개(100g)
- ☐ 소시지 2개
- ☐ 베이컨 2장
- ☐ 두부 1/2모(150g)
- ☐ 베이크드 빈 4스푼(94g)
- ☐ 떡볶이 떡 10개(190g)

영양소 분석

부대찌개 소스 50g 기준

열량 55kcal

단백질 8kcal

탄수화물 40kcal(식이섬유 2g, 당류 6g)

지방 7kcal(포화 지방 0g, 트랜스 지방 0g)

나트륨 208mg

부대찌개 425g 기준

열량 774kcal

단백질 155kcal

탄수화물 182kcal(식이섬유 4g, 당류 5g)

지방 437kcal(포화 지방 16g, 트랜스 지방 0g)

나트륨 2086mg

 조리 방법

1 고추장 크게 1스푼(27g)과 고춧가루 3스푼(12g)을 혼합합니다. 고추장을 많이 사용하면 고추장 내의 전분 성질 때문에 텁텁한 맛이 나서 고춧가루를 적극적으로 사용했습니다. 진간장 5스푼(25g)을 준비합니다.

2 하얀 설탕 2스푼(20g)을 넣습니다. 설탕을 넣어야 그냥 매운맛이 아닌 맛있는 매운맛이 됩니다. 설탕은 취향껏 조금 더 넣어줘도 됩니다.

3 참치 액 약 1과 1/2스푼(8g), 미원 1/2스푼(3g)을 넣습니다. 참치 액과 미원 대신에 같은 양의 굴 소스를 사용하셔도 됩니다, 후춧가루 1/3스푼(1g), 표고버섯 분말 1스푼(2g)과 다져놓은 마늘 4쪽(28g), 물 1/3(53g)을 넣고 잘 저은 후 소스를 마무리합니다.

4 육수로 사용할 곰탕 1봉지(350g), 물 1과 1/4컵(200g)을 준비합니다. 라면 사리를 넣을 생각이면 물 50g을 추가하시기 바랍니다. 물이 많으면 찌개가 아니고 탕이 되니 전체 물은 라면 사리를 넣는 기준으로 600g 이하가 적당합니다.

5 묵은 김치 150g과 대파 1/2개(35g)를 썰어서 준비합니다, 스팸 1통(340g)을 두툼하게 썰고, 살라미 1/3개(100g)를 슬라이스 해서 준비합니다, 소시지 2개를 사선으로 길게 썰고 베이컨 2장은 15cm 정도로 잘라서 넣습니다.

6 두부 1/2모(150g)는 바둑판 모양으로 잘라 넣어주고 베이크드 빈 4스푼(94g)도 넣습니다. 베이크드 빈이 많이 들어가면 국물이 탁해지니 유의하셔야 합니다. 그리고 저는 떡볶이 떡 10개(190g)를 마지막에 넣어줬는데, 떡국용 떡을 사용해도 됩니다. 떡 넣는 양은 취향껏 조절해 주세요. 이후 센불에서 끓여준 후 익으면 찌개를 마무리합니다.

보시면 사골곰탕 국물과 프레스 햄 그리고 소시지, 떡 등이 충분하게 들어있어 계속 끓이면 끓일수록 깊은 맛이 납니다. 이 레시피의 포인트는 설탕이니 꼭 빼먹지 말고 넣어 주시길 바랍니다. 소스는 소독한 밀폐 용기에 담아 냉장 상태에서 1개월 정도 보관이 가능합니다.

• 오랜만에 부대찌개를 만들어 먹으니 옛날 생각이 많이 나네요. 저도 이제부터 종종 집에서 부대찌개를 해서 먹어야겠습니다.

부산 사람들은 다 먹어본

밀면 소스

밀면 에 활용 가능합니다.

소스 이야기

밀면은 '밀가루와 전분을 넣고 반죽하여 만든 국수'로서 여름철에 부산에서 즐겨 먹는 찬 국수의 일종입니다. 부산 사람들에게는 여름이 되면 생각나는 대표적인 음식인데, 냉면이랑 비슷하게 '물밀면'과 '비빔밀면'이 있습니다. 이번에는 비빔밀면에 사용되는 소스를 맛있게 만들어보겠습니다. 또한 밀면 소스를 만들기에 앞서 베이스로 사용되는 간장 소스를 만들어보겠습니다.

재료 소개

간장 소스 22회분/1회당 50g 기준

☐ 진간장 1과 1/4컵(165g)
☐ 양파 중간 크기 1개(120g)
☐ 대파 1/2개(51g)
☐ 물 3컵(480g)
☐ 하얀 설탕 10스푼(100g)
☐ 생강 중간 크기 1/2개(20g)
☐ 참치 액 1/2컵(78g)
☐ 무 중간 크기 1/3개(100g)

밀면 소스 4회분/1회당 50g 기준

☐ 양파 작은 크기 1개(40g)
☐ 물엿 2스푼(20g)
☐ 갈색 설탕 2스푼(20g)
☐ 매운 고춧가루 3스푼(12g)
☐ 간장 소스 5스푼(20g)
☐ 배즙 6스푼(12g)
☐ 마늘 1쪽(7g)
☐ 사이다 1스푼(8g)
☐ 미원 1/2티스푼(1g)
☐ 후춧가루 1티스푼(0.4g)
☐ 2배 식초 3스푼(15g)
☐ 소금 1/2티스푼(1g)
☐ 물 1/2컵(80g)

영양소 분석 50g 기준

간장 소스

열량 32kcal

단백질 6kcal

탄수화물 23kcal(식이섬유 1g, 당류 5g)

지방 3kcal(포화 지방 0g, 트랜스 지방 0g)

나트륨 12mg

밀면 소스

열량 52kcal

단백질 4kcal

탄수화물 43kcal(식이섬유 1g, 당류 5g)

지방 5kcal(포화 지방 0g, 트랜스 지방 0g)

나트륨 12mg

 조리 방법

1 진간장 1과 1/4컵(165g)을 준비합니다. 국간장을 사용하면 너무 짜질 수 있으니 되도록 이면 진간장으로 간을 보시는 것을 추천합니다. 중간 크기 양파 1개(120g)를 적당하게 자르고 대파 1/2개(51g)를 준비합니다. 물 3컵(480g)과 하얀 설탕 10스푼(100g)을 준비하고 생강 중간 크기 1/2개(20g)와 참치 액 1/2컵(78g)을 준비합니다. 무 중간 크기 1/3개(100g)를 적당한 크기로 썰어 준비합니다.

2 모든 내용물을 팬에 넣고 중간불에서 10분 정도 끓여 줍니다. 무가 물렁거릴 때까지 끓여주신다고 생각하시면 됩니다. 그 후 고운 체를 이용해서 내용물을 걸러 주고 간장 소스를 마무리합니다.

3 양파 작은 크기 1개(40g)와 물엿 2스푼(20g)을 준비합니다. 여기에 갈색 설탕 2스푼 (20g)과 매운 고춧가루 3스푼(12g)을 넣어 줍니다. 먼저 만들어 놓은 간장 소스 5스푼 (20g), 배즙 6스푼(12g)을 추가로 넣습니다. 배즙이 없으면 배 음료를 사용하시기 바랍니다.

4 마늘 1쪽(7g)과 사이다 1스푼(8g)을 넣습니다. 사이다 대신 같은 양의 탄산수를 사용해도 좋습니다. 미원 1/2티스푼(1g)과 후춧가루 1티스푼(0.4g) 그리고 2배 식초 3스푼 (15g)을 넣습니다. 혹시 빙초산이 있으시면 2배 식초 대신 1g을 넣어주시면 됩니다. 소금 1/2티스푼(1g)과 물 1/2컵(80g)을 준비하여 핸드 믹서로 곱게 분쇄하고 소스 만들기를 마무리합니다.

만들고 난 이후

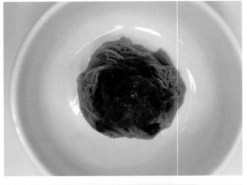

준비된 소스를 면에 넣어 주시면 끝입니다. 음식은 입으로 먹기 전에 먼저 눈으로 먹는 법입니다. 색이 빨갛지 않아서 별로 맵지 않을 것 같다고 생각하실 수 있는데, 오해입니다. 매운 베트남 고춧가루를 사용해서 칼칼한 맛이 납니다. 고추장을 사용하면 전분 때문에 텁텁한데 제가 만든 소스는 고춧가루를 사용해서 그런 느낌은 없습니다. 대신 약간의 풋 냄새가 나는데 부산의 밀면집에서 먹은 그러한 풋 냄새입니다. 깔끔하고 담백하면서 밀면 본연의 맛을 살려주는 소스입니다. 소스는 소독한 밀폐 용기에 담아 냉장 상태에서 15일 정도 보관 가능하며 오랜 기간 보관을 원하면 냉동 보관도 가능합니다.

- 이렇게 만들어진 밀면은 여름 별미이니 7~8월에 부산 갈 일이 있으시다면 꼭 드셔보세요. 저는 비빔밀면을 좋아하지만, 물밀면도 나름의 풍미가 있습니다.

춘천 최고의 닭갈비집 비법을 담은

닭갈비 소스

닭갈비 에 활용 가능합니다.

🍲 소스 이야기

오랫동안 육가공품 개발 업무에 종사하면서 느낀 점은 한국인들처럼 닭을 좋아하는 민족이 없다는 것입니다. 당연히 닭고기 요리에 관련된 제품들도 많을 수밖에 없습니다. 오래전 저는 춘천식 닭갈비 떡볶이 밀키트 제품을 개발한 적이 있습니다. 그 제품은 현재도 판매가 되고 있고요. 하지만 공장에서 만든 밀키트 제품은 가정에서 사용되지 않는 원료들을 사용하였기 때문에 가정식으로 리뉴얼하여 소개를 해보고자 합니다.

🍴 재료 소개

닭갈비 소스 8회분/1회당 50g 기준

☐ 고춧가루 6스푼(24g)

☐ 하얀 설탕 4스푼(40g)

☐ 마늘 3쪽(21g)

☐ 카레 분말 크게 1스푼(4g)

☐ 고추장 6스푼(150g)

☐ 맛술 3스푼(15g)

☐ 진간장 5스푼(25g)

☐ 식초 4스푼(20g)

☐ 무 중간 크기 1/5개(50g)

☐ 양파 중간 크기 1개(85g)

닭갈비 5회분/1회당 300g 기준

☐ 뼈 없는 닭 정육 1팩(800g)

☐ 소금 1/2티스푼(1g)

☐ 양배추 1/4개(200g)

☐ 큰 고구마 1개(150g)

☐ 당근 1/5개(63g)

☐ 식용유 1/2컵(60g)

☐ 대파 1/2개(50g)

☐ 떡볶이 떡 10개(190g)

☐ 양파 중간 크기 1개(90g)

영양소 분석

닭갈비 소스 50g 기준

열량 43kcal

단백질 4kcal

탄수화물 34kcal(식이섬유 2g, 당류 6g)

지방 5kcal(포화 지방 0g, 트랜스 지방 0g)

나트륨 94mg

닭갈비 300g 기준

열량 586kcal

단백질 129kcal

탄수화물 160kcal(식이섬유 3g, 당류 4g)

지방 297kcal(포화 지방 7g, 트랜스 지방 0g)

나트륨 282mg

조리 방법

1 고춧가루 6스푼(24g), 하얀 설탕 4스푼(40g)을 준비합니다. 얼큰한 맛을 좋아하시면 매운 고춧가루를 사용하시고 맵찔이들은 일반 고춧가루를 사용하시면 됩니다. 여기에 마늘 3쪽(21g)을 다져준 뒤 카레 분말 크게 1스푼(4g)과 함께 넣습니다. 카레 분말은 닭 특유의 비린내를 제거할 목적으로 사용되었다고 생각하시면 됩니다. 카레 분말을 너무 많이 넣으면 카레 냄새가 나서 닭갈비 본연의 맛을 잃어버릴 수 있으니 적당량 사용을 권장합니다.

2 고추장 6스푼(150g)과 맛술 3스푼(15g) 그리고 진간장 5스푼(25g), 식초 4스푼(20g)을 넣어 줍니다. 고추장 맛이 닭갈비 맛에 커다란 영향을 제공하므로 맛있는 고추장 사용을 적극 권장합니다. 맛술 대신 차례용 술이나 정종 혹은 소주를 같은 양 사용해도 됩니다. 저는 진간장을 사용해서 간이 세지 않았습니다. 만일 국간장을 사용하시면 2스푼(8g)을 넣으시면 됩니다. 여기에 무 1/5개(50g)와 양파 중간 크기 1개(85g)를 강판에

갈아 즙을 내 넣습니다. 무즙은 소화를 돕고 닭의 이상한 냄새(잡냄새)를 잡아주는 역할을 합니다. 소스는 소독된 밀폐 용기에 담아 냉장 상태에서 7~15일 보관 가능합니다.

3 채소는 소스와 따로 준비합니다. 양배추 1/4개(200g)를 폭 1cm, 길이 6~7cm 정도로 잘라서 준비합니다. 큰 고구마 1개(150g)의 껍질을 벗기고 큐브 모양으로 잘라줍니다. 당근 1/5개(63g)도 고구마처럼 큐브 모양으로 잘라서 준비합니다. 대파 1/2개, 양파 중간 크기 1개(90g)도 채썰어 준비합니다. 여러분들이 좋아하는 야채가 있으면 가감해서 넣으시기 바랍니다.

4 닭 정육 800g을 준비해서 한번 씻어내고 소금 1/2티스푼(2g)을 닭에 뿌려 간을 합니다. 그리고 준비한 소스를 전부 넣고 잘 혼합한 후 최소 20~30분 냉장고에서 숙성시켜 줍니다.

5 팬에 식용유 1/2컵(60g)을 두르고 준비한 채소를 볶습니다. 양파가 투명하게 익으면 양념과 숙성한 닭갈비를 넣습니다. 중간불에서 3~4분 정도 끓여주고 소스를 넣어 줍니다. 마지막으로 물에 불린 떡을 넣습니다. 식용유는 같은 양의 올리브오일로 대체 가능합니다.

닭갈비가 익으면 취향에 따라 깻잎을 넣고 중간불에서 1분 정도 더 익혀준 후 닭갈비 만들기를 마무리합니다. 이렇게 만든 닭갈비 소스는 2년 전 제가 개발한 뒤 현재 마트에서 판매되고 있는 제품을 가정식으로 리뉴얼해서 만든 것입니다. 이렇게 만들어진 닭갈비는 맵지 않고 담백합니다. 위에서도 언급했지만 만일 매운맛을 선호하시면 고춧가루를 매운 고춧가루로 바꾸어 사용하시거나 베트남 고추 1~2개를 추가로 넣은 후 먹을 때 빼내시면 됩니다.

요리는 소스빨

초판 1쇄 발행 2024년 4월 30일
초판 3쇄 발행 2024년 12월 31일

지은이   소연남
펴낸이   김동하

편 집   이주형
마케팅   정예원
디자인   김수지
펴낸곳   페이퍼버드
출판신고   2015년 1월 14일 제2016-000120호
주 소   (10881) 경기도 파주시 산남로 5-86
문 의   (070) 7853-8600
팩 스   (02) 6020-8601
이메일   books-garden1@naver.com
인스타그램 www.instagram.com/thebooks.garden

ISBN   979-11-6416-211-6 (93590)